为什么我只记得你

如何制造幸福的回忆，让平凡日子过得有意义

[丹麦]迈克·维金 著　韩大力 译

四川美术出版社

图书在版编目（CIP）数据

为什么我只记得你 / (丹)迈克·维金著；韩大力
译.-- 成都：四川美术出版社，2021.12
书名原文：The art of making memories
ISBN 978-7-5410-4239-3

Ⅰ.①为… Ⅱ.①迈… ②韩… Ⅲ.①幸福—通俗读
物 Ⅳ.①B82-49

中国版本图书馆CIP数据核字(2021)第209212号

为什么我只记得你

WEISHENME WO ZHI JIDE NI

[丹麦]迈克·维金　著
韩大力　译

选题策划	后浪出版公司	出版统筹	吴兴元
编辑统筹	郝明慧	责任编辑	张慧敏
特约编辑	刘叶茹	责任校对	汤来先　田倩宇
责任印制	黎伟	营销推广	ONEBOOK
装帧制造	墨白空间·巫粲		
出版发行	四川美术出版社		
	（成都市锦江区金石路239号 邮编：610023）		

成品尺寸	130mm × 185mm
印　张	9
字　数	230千字
图　幅	300幅
印　刷	天津图文方嘉印刷有限公司
版　次	2021年12月第1版
印　次	2021年12月第1次印刷
书　号	978-7-5410-4239-3
定　价	84.00元

读者服务：reader@hinabook.com 188-1142-1266
投稿服务：onebook@hinabook.com 133-6631-2326
直销服务：buy@hinabook.com 133-6657-3072
网上订购：https://hinabook.tmall.com/（天猫官方直营店）

艺术，让生活更美好

更多书讯，敬请关注
四川美术出版社官方微信

目　录

序 言

20 世纪一位伟大的哲学家小熊维尼曾经说过:"一直以来我们只知道忘情玩耍,却从没意识到自己是在制造将来的回忆。"

今年之前我也是这样的。今年我 40 岁了。一切都变了。

上周我在自己额头正中间发现了一根毛发。不是头发,而是眉毛,一根想远离喧嚣、脱离群体、归隐田园的眉毛,眉毛中的大卫·梭罗。人一到 40 岁,修眉毛的镊子就成了你新结交的挚友。

40 岁以后,你说的话变了,你开始使用"现如今"这个词了;你眼中的颜色也不一样了,头发不是灰白色,而是"公司经理人应有的金色"。你学会了在一些新事物中找乐趣,比如用完烤箱忘记关上烤箱门,回头还安慰自己说"可以让屋子暖和暖和"。

根据统计学的数据，40岁也意味着我已经活了半辈子了。丹麦男性的平均寿命是80岁左右，虽说时间并不长，但我还是打算在死前好好享受一下生活。

到目前为止，我活了40个年头，也就是480个月，或者14610天。有些日子匆匆流逝，不留一丝痕迹；有些幸福的时刻却永远留在了脑海中。人生不是那些已经流逝的岁月，而是那些我们永远记得的日子。这不禁让我思索：过去14610天里的事情我还记得多少呢？我们要怎样才能"取回"那些幸福的时光，要怎么做才能制造将来的幸福回忆呢？

我记得我第一次接吻，但我怎么也想不起来2007年3月发生的任何事情；我记得我第一次吃芒果的情形，但我10岁的时候吃过的饭我完全想不起来；我记得小时候玩过的那片草地的味道，但我费尽九牛二虎之力也想不来那些玩伴的名字。

回忆到底是由什么构成的？为什么某段音乐、某种食物、某种香味能让我们想起已经忘记的一些事情？怎么做才能制造幸福的回忆，好让我们将来能更快地回想起来？

作为幸福研究员，我曾试着去研究这些问题。幸福研究员的工作就是研究幸福，了解人们幸福的原因，探究美好生活的真相，告诉大家如何让生活更加美好。我在幸福研究院工作，幸福研究院是一个民间智库，致力于提高全世界人民的生活质量，探究幸福的成因，以及发现生活背后的细节。

有些日子我们会记得，是因为我们当时很悲伤。悲伤是人类体验的一部分，是我们回忆的一部分，也造就了现在的我们。不过，作为一个幸福研究员，我的主要兴趣还是探索幸福回忆的成因。

有关幸福的研究表明，如果人们对自己的过去有积极看法，喜欢怀旧，那他们就会更幸福。怀旧是一种古老的人类情感，人皆有之。世界各地的学者一直都在研究为什么怀旧会让人产生积极的情感，加强人的自信，让人感到被关爱。换句话来说，长远的幸福其实取决于用积极的语言描述自己过往生活的能力。

我研究的重点是幸福回忆的构成。这个问题其实很微妙。面对一个陌生人，无论你怎么将这个问题提出来，听起来都有点像汉尼拔·莱克特博士[1]。"给我讲讲你儿时的回忆，克拉丽思[2]。"

我也问过自己这个问题，也尝试回答过，我像个考古学家一样走进自己的过去，寻找那些消失的宝藏——那些幸福的回忆。

我又去了我儿时的家，寻找能激起我回忆的味道，虽然那座房子在20年前已经卖掉了。我要特别感谢房子的新主人，在我敲门说"我能不能进来闻一闻"的时候没有摔门把我拒之门外。

寻找幸福回忆的时候，你会发现，我们儿时的回忆和父母密不可分。我的母亲在20多年前就去世了，随她而去的还有一堆堆的回忆。从这层意义上讲，这个过程很像是在寻找亚特兰蒂斯[3]——一段消失的回忆。

我想找寻回忆，因为是回忆塑造了我们。它们是让我们理解自己整个成长经历的钥匙。回忆就是我们的超能力，有了它，我们可以摆脱现实的束缚，穿越时空。它决定了我们的行为，也影响了我们的情绪。它造就了我们的现在，同时也决定着我们的未来。

1　汉尼拔·莱克特博士是电影《沉默的羔羊》中智商极高、思维敏捷的精神学博士。（本书注解部分全为译者注，后面不再一一说明。）
2　克拉丽思是电影《沉默的羔羊》中的联邦调查局的见习特工，经常与汉尼拔博士对话以获取线索。这句话是剧中的经典台词。
3　亚特兰蒂斯位于欧洲到直布罗陀海峡附近的大西洋之岛，据称约在公元前1万年被大洪水毁灭。

1000 个幸福的回忆

2018 年，我们在幸福研究所做了一个大型的全球调查：幸福回忆调查。

问卷里有这样一个问题："请你描述一个幸福的回忆。"我们并不是在寻找某些特定的回忆，而是想了解人们在看到这句话时，第一个浮现在脑海里的幸福回忆。

从全球各地飞来的回复把我们淹没了。幸福回忆调查是我所知道的有史以来全球最大的"幸福回忆库"。

我们收到了来自全球 70 多个国家的 1000 多个回复，有比利时的、巴西的、博茨瓦纳的，还有挪威的、尼泊尔的、新西兰的。幸福的回忆如潮水般涌来。

这些幸福回忆的主人来自世界各地，有老有少，有男有女，有的人正郁郁寡欢，有的人正意气风发。虽然他们背景迥异，但每一个幸福的回忆都能让我感同身受。我知道为什么某段回忆会让那个人感到幸福。虽然我们是来自不同地方的人，可能是丹麦人、韩国人，或者南非人，但首先最重要的一点：我们都是人。

仔细探究这些幸福的回忆，它们背后的规律开始慢慢浮现。人们记住的这些经历要么新奇，要么意义重大，要么感动人心，要么刺激感官。

例如，23% 的回忆是新奇的，比如第一次去另一个国家的经历；37% 的回忆是关于一些意义重大的事情，比如婚礼和生育；62% 的回忆都涉及我们的一些感官，如一位女士看到、闻到或吃到波布拉诺辣椒[1]时，总会想起小时候妈妈用烤箱烤的波布拉诺辣椒的味道。

我们还问受访者为什么会记住这些事情，7% 的人表示这些事已经被"外包"了：它们被保存在照片、日记和回忆录里，所以它们会被记得。

收到的回忆中有一些关于人生中的大事，比如婚礼，比如女儿学会走路的那一天。

新奇
23%

多重感官刺激
62%

注意力
100%

意义重大
37%

充满情绪
56%

巅峰时刻和奋斗时刻
22%

故事性
36%

回忆外包
7%

1　波布拉诺辣椒是原产于墨西哥的一种大辣椒，墨西哥普埃布拉的一道名菜就是把这种辣椒中间掏空，再塞满其他食材烤制而成。

有些回忆是一些很简单的事：阳光照在皮肤上的感觉，和父亲一起吃着酸黄瓜芝士汉堡看球赛，或者清晨在自己爱人身旁醒来。

有一些是关于生命中的冒险：坐狗拉雪橇，独自去意大利旅行，或者搬家去阿姆斯特丹。

还有那些疯狂的事，在干草堆上跳来跳去，用橙子当弹药的大炮对轰，还有在冰封的湖面上试图用跑鞋打开一瓶酒的经历等。

有一些是关于胜利的回忆：顺利通过的考试，排除万难赢得的一场球赛，或者鼓起勇气上台发表讲话的经历。

一些回忆是关于日常的：看着阳光穿过窗户，走进一家书店或者和妈妈一起看着《死要面子》¹消磨一个下午的时光。

还有一些回忆是走进自然的经历：午夜在瑞士的一个湖里沐浴着月光在星空下游泳，在挪威的荒野中徒步，在大苏尔²望向空无一人的太平洋。

1　《死要面子》也译作《维护面子》，BBC 拍摄的情景喜剧。
2　大苏尔是加州 1 号公路中的一段，长约 110 千米。这段路沿途有悬岩、海岸，有着丰富的动植物资源，是加州著名的旅游景点。

许多回忆是关于一些有趣的事情：水气球大战，打雪仗，在空无一人的冰场上滑冰。

还有一些回忆是关于我们在意的人：爱人在适当时机的一个拥抱；同事知道我们那段时间过得不顺，所以把我们的办公室装扮了一番。

所有这些回忆像是一块块的拼图，向我们展示了幸福的回忆是由什么组成的，需要什么原料，以及为什么它们会在我们脑海里留存下来。在接下来的章节里，我们会一一查看这些幸福回忆的原料。

回忆宣言

幸福回忆的 8 种原料

利用"第一次"的魔力。
寻找新奇的体验,
让平凡的日子变得特别。

利用自己的感官。不仅仅是视
觉,还可以利用听觉、嗅觉、
触觉和味觉让回忆立体起来。

要用心。像对待约会对象一样
对待你的快乐时光,关心它!

制造有意义的时刻。让有意义的
时光成为难忘的时光。

使用情绪高亮笔。
嗨起来!

记住你的巅峰时刻和奋斗时刻。
站上巅峰让人无法忘怀,向巅峰
奋进的过程也一样让人难忘。

用故事跑赢遗忘曲线。
分享你的故事。还记得
我们一起做的那件事吗?

外包回忆。写日记、
拍照片、录音、录像,
收集你的回忆。

情绪控制

我们在幸福研究所做的幸福回忆研究还有一个方面，是看看人们过去的美好回忆能不能改善他们现在的情绪。

我们让人们想象一架梯子，从下往上，从 0 到 10 给每个横档标号。"假如最上面的那一档代表你可能实现的最美好的生活，最下面一档代表最糟糕的情况，现在你觉得自己处在哪一档呢？"这个问题问的是人们对自己当前生活的满意度，也就是他们的幸福感。这种幸福感是长期的，要想提高整体幸福感需要花费很多精力。世界幸福报告中用的问题就是这个。

我们还问人们："如果 0 代表特别不开心，10 代表特别开心，你给现在的自己打几分？"这个问题可能会受到一些因素的影响，比如今天的日期、天气，发生的事情，忽然回忆起从前等。

我们发现，人们的幸福度和他们用来描绘自己幸福回忆的字数有着微小但却十分明显的相关性。他们在回忆的长廊里徘徊得越久，他们现在就越幸福。至于是因为回想幸福的回忆让他们感到幸福，还是反过来，现在我们还不得而知。毕竟，只有在你心情不错的时候，你才会愿意花时间回答研究者的"傻问题"。当然不管怎么说，这个部分值得更加深入地研究。

我们还发现了一个有趣的现象。我知道现在大家谁都不服谁，我也不想火上浇油，但是作为一个科学家，我还是得说出真相。当我查看大家的回忆的时候，我发现有 17 个人提到了他们的狗，但只有两个人提到了他们的猫。当然，拿普遍性来解释也说得过去。如果养狗的人比养猫的人多，那当然狗会更经常出现在人们的幸福回忆里。不过，还有另一个理论：那就是狗狗比猫猫可爱。到底哪个理论更正确？当然是你选的那个！

情节回忆

我们还问了一个问题："你昨天晚饭吃的什么？"试着穿越到昨天晚上，想想：你吃了什么？在哪里？和谁一起？你们喝了什么？是自己做的饭吗？碗是谁洗的？

好的，现在回答我这几个问题："柬埔寨的首都是哪里？世界上最高的山是哪座山？第二次世界大战结束的时候英国首相是谁？"

回想起昨天晚饭吃了什么和回想起英国首相是谁是两种迥然不同的提取信息的方式。它们的区别就是记起（remembering）和知道（knowing）的区别，也就是"自传回忆"或者"情节回忆"，跟"语义回忆"的区别。

谈到回忆，我们就必须分清楚这两种回忆。"语义回忆"就是记住法国的首都是巴黎，而"情节回忆"是回想起你去法国的经历。1972 年，多伦多大学的心理学家、认知神经科学家恩德尔·托尔文（Endel Tulving）首次提出了两者的区别。"看到我在做什么了吗？"这句话的信息会直接存储在你语义回忆的空间内。

而当你要从你的情节回忆中取回信息的时候，你需要穿越回去，再次经历那些事情。这个过程和你想起"第二次世界大战结束时英国首相是谁"的思维过程截然不同。你很可能根本想不起来你是什么时候、在哪儿获得的这些信息。这些信息和你个人无关，只不过是你知道的事情而已。这一类回忆没有味道，没有声音。然而，你对昨天晚餐的回忆却有着丰富的感官体验。

情节回忆是我们过去独一无二的、具体的经历。而语义回忆只是我们和世界上每个人所共有的对于这个世界的认知，它不受时间的影响。

而且，情节回忆可以说是我们的第六感：对过去的感觉。它是我们穿越时间的超能力。根本不需要一辆88迈[1]的德罗宁车，直接穿越吧，马蒂[2]！

托尔文认为，决定一段回忆是不是情节回忆，最关键的是看这种穿越时空的能力，也就是再次体验过去的感觉。你的情节回忆通常是你经历过的事情的一些片段，以你自己的视角，大致按照事情发生的顺序展现：你用平底锅煎鱼，收音机里放着纳京高（Nat King Cole）的歌，你手里端着一杯红酒，空气寒冷干燥，你的手不小心被平底锅烫了一下，你爆了几句粗口；另一个房间里，你的配偶问"怎么啦"，你说"没怎么，饭烧好了"；你把蔬菜从烤箱里拿出来，烤箱门忘了关，热气扑面，你笑着坐下来。

情节回忆很复杂，比语义回忆形成的时间要晚一些。小时候在你还记不住一些经历的时候，你先记住了关于这个世界的某些知识。这两种类型的回忆都属于长期记忆。根据托尔文的研究，还有第三种长期记忆叫程序回忆（procedural memory）。（除了这几种长期记忆，还有一类回忆叫短期记忆。）不过，语义回忆和情节回忆的区别很明显，但程序回忆跟它们却没有这么泾渭分明。程序回忆可以让你不经思考地完成一些学习过的事情。你骑自行车，刷牙，洗盘子，签名或者听到手镯乐队（The Bangles）的音乐就模仿埃及人走路，这些都是程序回忆在起作用。这本书里，我们主要关注的是情节回忆。如果你想记住怎么跳玛卡雷娜舞或记住 π 的小数点后一万位，那请你自力更生吧。

1　1英里 ≈ 1.61 千米，此处指 141.62 千米 / 时。以下同。
2　马蒂是电视剧《回到未来》中的主角，只有把德罗宁车开到88迈才可以穿越时空。

幸福回忆有益身心健康

由于工作的原因，我经常和抑郁症患者或者得过抑郁症的人聊天。

他们有一个共同点：在低谷的时候，不但感觉不到任何快乐，还无法回忆起任何快乐的经历，而且抑郁的人更容易对消极的事情耿耿于怀。

幸运的是，关于如何对付抑郁，人们已经做了很多研究。剑桥大学的临床心理学家蒂姆·达格利什（Tim Dalgleish）博士的方法是，用 loci 法（利用视觉和空间回忆）帮助人们轻松回想起他们的幸福时光。在一次研究中，达格利什博士和他的同事帮助 42 个受抑郁症困扰的人制造出 15 个幸福回忆，以供他们在情绪低落的时候调用。

做成这件事并不简单，因为抑郁会损害人们回忆幸福的能力。一些参与者说"我没有那么多的幸福回忆"，所以研究员和他们一起努力，用更多感官上的细节，包括嗅觉、味觉和听觉，使得他们的回忆更加生动。接下来的一步，就是运用 loci 法（拉丁语，意为"放置"），把这 15 个回忆安放在他们熟悉的房间，或者经常走过的路边。

两组被试者接受了不同形式的培训：研究员鼓励他们将回忆分成有意义的类别，并进行排练 —— 这种方法通常用于准备考试。

训练一周之后，两组人都成功把自己的回忆能力提高到了差不多最佳水平。但一周后，在事先未告知的情况下，研究员对参与者进行了电话回访，检测他们的回忆情况。只有运用了 loci 法的那一组参与者还能想起那些幸福的回忆。

然而，有一点十分重要，这里必须说明，尽管这些参与者表示感觉好了一些，但是他们在抑郁评测表上的分数却没有很大的改观。此外，由于参与者知道实验试图达到的目的，所以这种自我报告的改善只可能是安慰剂效应。不过，不管怎么说，能够唤起快乐的回忆也是一种进步。如今，人们普遍认为怀旧可以消除孤独和焦虑，使人们感到快乐。

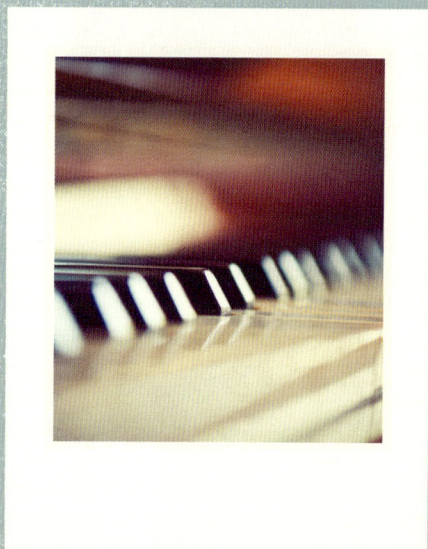

幸福记忆小贴士
进入宫殿

回到自己小时候的家里，我看到走廊里的三个火枪手正在决斗。

我弯腰避开波托斯的闪身枪，顺势滚进了厨房。厨房里，贝多芬正从烤箱里拿出一只烤鸡。厨房座椅前面有一个壁炉。弗朗西斯教皇正蹲在那里生火，但他不小心把自己头顶的白帽子烧着了，开始破口大骂。隔壁的房间里，尼尔·阿姆斯特朗正在弹钢琴。他穿着太空服，所以每次总会按到好几个琴键。

这并不是梦。这是精心设计的回忆宫殿。请允许我给你们解释一下。这里应用的几种回忆方法是在古希腊和古罗马时代发展起来的。其中之一是 loci 法，也称为"回忆宫殿"。如果你喜欢看英国广播公司（BBC）悬疑剧《神探夏洛克》（谁不喜欢？），你肯定知道本尼迪克特·康伯巴奇饰演的福尔摩斯将其称为"思维宫殿"。

据说这种方法最早是公元前 500 年希腊诗人西蒙尼德斯使用的。他也被人称为"小嘴抹了蜜的男人"，总是在盛宴上以诗歌和颂歌来娱乐大家。一次，西蒙尼德斯表演后离开了举办盛宴的庙宇。刚走不久，屋顶坍塌，庙宇里面的人无一生还，尸体都被压扁了，无法辨认。但是西蒙尼德斯还是能够想起当晚的情景，并记起谁坐在房间里的哪个地方。后来，他根据这次事件，总结了 loci 法。

如今该方法通常用于比赛。比如，有一种比赛是要求选手尽快记住一副扑克牌中每张牌的出牌顺序。比赛之前，选手们会创建自己的回忆宫殿——都是他们熟悉的地方，例如小时候的家或者一条熟悉的路。他们还会给每张牌分配一个角色。比如，对我来说黑桃 6 就是玛丽莲·梦露，红桃 J 是我的弟弟，梅花 K 是金刚（King Kong）。

我是这么设计的，所有的梅花都是虚构的人物（比如《鲁滨孙漂流记》中的鲁滨孙或者《加勒比海盗》中的杰克·斯帕罗），所有的红桃都是我认识的人，所有的方块都是当代名人（比如美国前总统特朗普或者丹麦女王玛格丽特），所有的黑桃都是历史上的名人或者已经去世的人（比如法兰克·辛纳屈[1]或者埃及艳后克利奥帕特拉）。

还有就是，所有的 8 都是戴眼镜的人（比如甘地），所有的 9 都是德国人（因为英语中的 nine 跟德语的 nein 发音很像），所有的 4 都是那些四条腿的朋友的人（比如《丁丁历险记》中的丁丁，他的好朋友是小狗米卢）。

---

1 法兰克·辛纳屈，美国著名男歌手，被誉为 20 世纪最受欢迎的美国流行男歌手之一。

于是，将花色和数字组合起来就能让每张牌变得很好记，比如黑桃（去世的历史人物）9（德国人）就是贝多芬。

就这样，每走一张牌，你就把与之关联的人物安置在你的回忆宫殿里，或者你的回忆小道边，然后再给他们分配一件事情做，好让你产生画面感。他们做的事情越调皮、越不正确、越猥琐，你就越能将他们记住。

所以，现在你试着想想：从厨房烤箱中拿出烤鸡的是谁？是贝多芬。生火的时候不小心把自己帽子点着，然后破口大骂的是谁？弗朗西斯教皇，对不对？（对我来说，这是方片 10。）弹钢琴的是谁？穿着太空服的尼尔·阿姆斯特朗，也就是我的黑桃A。音乐上的一小步，成就你回忆中的一大步。

这里有一点要注意。这套助记系统是我在去加拿大的飞机上设计的。由于太过专注，我把自己的笔记本电脑落在了前面座椅的口袋里。我知道这确实有点讽刺。如果你读过我写的《丹麦人为什么幸福》（ *The Little Book of Lykke* ），你就知道这不是我第一次把电脑落在飞机上了。为了防止这种事情发生第三次，现在我一上飞机就会把一只鞋子和电脑一起放在前面座椅的口袋里。

运用这种回忆宫殿的方法，我只需要大约 6 分钟就可以记住一整副牌的出牌顺序。不过，除了在派对上哗众取宠，这种技巧还可以用在更加重要的地方。

怀旧 —— 不再是从前那样

电视剧《广告狂人》中我最喜欢的一段出自《轮子》那集。

柯达公司发明了一台圆形的幻灯片放映机，他们特别想在推广活动中称之为"轮子"。斯特林·库帕广告公司的创意总监唐·德雷柏（Don Draper）和柯达公司的客户开会的时候，打开放映机，放映他和家人的一些老照片：他的老婆、他的孩子、一些幸福的时刻和幸福的回忆。

唐·德雷柏谈到广告中需要的技巧，他说最重要的一点是"新"！它必须让用户心里发痒，而产品就是可以止痒的药膏。他还谈到，打怀旧牌可以创造用户和产品之间情感上更深层的连接，十分微妙，却万分有效。这样一来，广告就不仅仅是个广告，而是一个怀旧发生器，一部时间机器，可以让人们回到自己想去的时空，再次回到那些想去的地方。"它不是轮子，而应该叫旋转木马。它可以让我们像孩子一样，一圈一圈地，回到小时候的家，回到我们被深爱的地方。"

广告中的场景是虚构的，但是把怀旧当成一种营销手段却一点也不虚构，在现实中很常见。从奢侈的手表到家常的炸鸡，无一不在向我们承诺将来的回忆。百达翡丽的广告说："你从未真正拥有过一块百达翡丽，你只是在替你的下一代暂时照看它而已。"

2016 年，麦当劳宣布其炸鸡块中不再使用任何抗生素和人工防腐剂后，他们做了一个围绕"怀旧"主题的广告片。广告片用了分屏显示的形式，屏幕左侧是一个小男孩，右侧是一个小女孩。背景音乐是辛迪·劳帕（Cyndi Lauper）的"Time After Time"。广告片中，

小男孩将他所爱的东西不断递给小女孩。他的自行车、他的游戏机、他的玩具，慢慢地，他递的这些 20 世纪 80 年代的东西变成了当代的商品。

如果你当过父母，你就知道，你送给孩子的东西都要比自己小时候用的好。广告的最后，小男孩把一盒炸鸡块递给了小女孩。同时，他也从屏幕的左侧走到了右侧，从一个小男孩变成了一个成年人，出人意料！他竟然是小女孩的爸爸。这个广告片做得很棒，我都差点儿热泪盈眶，要知道我可一点儿都不喜欢炸鸡块。

据《福布斯》杂志称，"怀旧"在市场营销活动中得到广泛运用，是因为"再次体验过去的幸福时光会让人感觉良好"。此外，米林和帕斯卡于 2012 年在《促销管理》上发表的文章《对怀旧广告效果的参与研究》得出的结论是，怀旧广告会影响人们对广告的关注程度以及对品牌或产品的正面评价。因此如今，怀旧已成为广告、电视节目、博物馆展览、时装、音乐、室内设计和政治中司空见惯的主题。

也正因如此，我们才会看《广告狂人》和《美国蝶梦》这样的电视剧。我们会买复古的衣服和家具，买黑胶唱片。我们会去古董店，参观德国历史协会办的"那些年我们收藏的东西"展览，看看德国移民带到英国来的钢笔。美国前总统特朗普也一直在说让美国"再次伟大"，这也是怀旧。怀旧虽然微妙，但却很有效。不过，情况也不总是这样。

瑞士医生约翰内斯·霍弗于 1688 年在他的论文中初次使用怀旧（nostalgia）这个词。霍弗认为这是一种精神疾病，症状包括极度想家、哭泣、焦虑、失眠以及心率异常。他认为怀旧和妄想症类似，只不过怀旧是对某一特定地点的过度渴望和思念。

"nostalgia" 这个词是个复合词，由 "nostos"（指回归、归乡）和 "algos"（指痛苦）合成而来。这个词源自历史上最早的一个关于思乡病的史诗故事。

特洛伊战争胜利之后，奥德修斯和他的船员启程前往他的家乡伊萨卡。在那里，他将与妻子佩内洛普团聚。特洛伊和伊萨卡之间的距离只有 565 海里（度量单位，1 海里等于 1.852 千米），但是奥德修斯花了 10 年时间才走完这段旅程。智斗独眼巨人，抵抗海妖的诱惑，对抗海神波塞冬的怒火，这些事确实都很费时间。然而，这 10 年中的 7 年他们是在卡利普索的奥吉贾岛上度过的。美丽的仙女爱上了奥德修斯，如果他愿意成为她的丈夫，她会让他获得永生。然而奥德修斯仍然渴望回家和他的妻子佩内洛普团聚。"佩内洛普的身材和美貌无法与您相提并论，因为她只是凡人，您却不朽且永生。然而，我每天渴望和追求的是她。因此，我渴望回家，期待那一天的到来。"长话短说，奥德修斯最终还是回家了，但他发现一群求婚者包围了他忠贞的妻子，背着他上演了一场"权力的游戏"。

约翰内斯·霍弗称怀旧这种疾病在士兵中比较常见，特别是在欧洲平原低地作战的瑞士雇佣兵，他们无时无刻不在思念自己故乡瑞士的阿尔卑斯山。他猜测，原因可能是悬殊的气压差异会引起大脑和耳鼓损伤，毕竟这些人的耳朵听惯了瑞士阿尔卑斯山区叮当作响的牛铃。18、19 世纪有一些医生甚至试图找到"病理性怀旧症的骨头"。不过，到了 19 世纪初，人们已经不再把怀旧看作一种神经功能紊乱疾病，而把它当作一种抑郁症。这种看法一直延续到 20世纪。

到了今天，怀旧已经成了一个科学研究的主题，人们也发明了各种量化表，用来测量人们对现在和过去的不同看法，以及人们趋于怀旧的程度。比如，霍尔布鲁克怀旧量表（Holbrook Nostalgia Scale）要求人们对一些观点表示赞同或者不赞同。这些观点包括："产品的质量越来越差了""国内生产总值的稳步增长提升了人们的生活质量"以及"过去什么东西都比现在的好"。在这一领域，南安普顿大学有世界领先的学术研究中心，南安普顿怀旧量表（Southampton Nostalgia Scale）提出的问题是："怀旧对你来说有多重要"和"你多久会经历一次怀旧"。

怀旧的确值得研究。首先，这是我们人人都有，而且是经常会有的体验。在一项针对英国大学生的研究中，80% 的人表示自己一周至少会有一次怀旧的经历。而且这种体验似乎不分国界。世界各地的人都会怀念深爱的人和特别的事。怀念婚礼，怀念黄昏，怀念我们在一起的日日夜夜，怀念篝火的温暖，怀念海面初升的朝阳。通常我们都是故事的主角，而且我们怀念的这些事情，几乎都与我们亲近的人有关。

其次，越来越多的证据表明，怀旧所产生的积极情感会提升我们的自尊感，让我们感觉到被关爱，同时减少孤独感或无意义感这类负面情绪。

我们对生活的满意度就是我们的幸福感，它部分取决于我们是否拥有或是否能够创造积极的人生故事。当我们回忆自己的过去时，我们看到的是缺陷和失败，还是喜悦和幸福？

我们应该把哪些东西加入我们的回忆？在没有纪念品的地方，我们该做些什么才能更好地保存我们的记忆？幸福的回忆是由什么组成的？是什么让回忆成为回忆？接下来，让我们详细看看。

第一章

利用"第一次"的魔力

怀旧高峰

知道布鲁斯·斯普林斯汀的那首《光辉岁月》("Glory Days")吗？如果你没听过的话，给我几杯金汤力鸡尾酒，我唱给你听。你可能得捂住耳朵，别说我没警告过你。仔细听歌词，你会发现那首歌唱的是人们热衷于谈论的美好旧时光 —— 那些已经过去的光辉岁月。

随便问个年长的人，让他们讲讲自己的过去，他们讲的很可能都是他们 15 岁到 30 岁间的故事。这就是我们说的怀旧效应，或者叫怀旧高峰（当然，比起这两个词，还是"光辉岁月"更容易写进歌词里）。

回忆研究有时候会用到提示词。说到"狗"这个词，会激起你什么回忆？"书"呢？"柚子"呢？最好不要用和人生某一阶段有关联的词来作为提示词。比如"驾照"激发出的回忆有可能是关于某一特定年龄段的，对比起来"灯泡"就更好一些。你可以自己试试下面这个练习。

我说出下面这些词的时候，你会回忆起什么？

落日：

汽车：

鞋子：

手表：

鱼：

包：

树莓：

雪：

笔记本：

蜡烛：

把提示词给实验参与者，问他们看到这些词所想到的，以及在那段回忆里他们当时的年龄。参与者的回复通常会形成一条有规律的曲线，这条曲线会有一个明显的凸起，这就是我们所说的怀旧高峰。下面这条曲线是丹麦和美国研究人员针对百岁老人做的一项研究的结果。怀旧效应很明显。和怀旧效应类似的，还有一个叫近期效应的现象，指的就是曲线末端的那个上扬。这里有一个近期效应的例子，比如，如果你问人们看到"书"会想到什么，他们想起的更可能是最近读的书，而不是十几年前读的书。

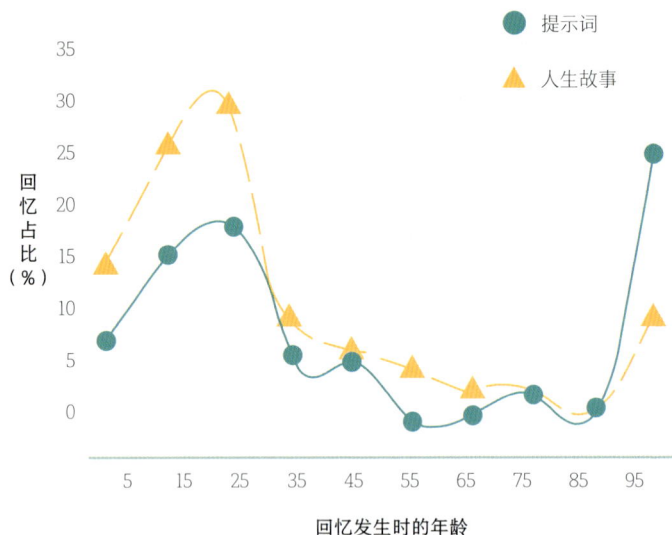

除了使用提示词的方法，研究人员还会让受访者谈谈自己的人生故事。结果发现，使用人生故事的方法可以削弱近期效应的影响，更大比例的回忆会落到怀旧高峰部分。

读一些名人自传的时候，你也能很明显地发现怀旧高峰现象：他们青少年时期或者刚刚成年时期的经历，相比其他时期会占据更大的篇幅。比如，阿加莎·克里斯蒂的自传一共 544 页，她 33 岁的时候母亲去世，写在第 346 页。换句话说，在怀旧高峰的时间段内，她每一年的回忆要花 10 多页的篇幅来描写。与之相对应的是，1945 年到 1965 年，也就是阿加莎 55 岁到 75 岁的这些年，她只花了 23 页的篇幅：算下来每年只有一页多一点儿。

我也是怀旧效应的"受害者"，我 21 岁到 31 岁之间的回忆，大概是这样的：

我记得在我 21 岁生日时，在越南河内参观了胡志明纪念堂，我记得当时自己还想着比尔·克林顿、托尼·布莱尔或者丹麦前首相波尔·尼鲁普·拉斯穆森会不会有一天也给他们自己造这样一座墓。那一年是 1999 年。

我记得，那年夏天我找到一份帮人修整草坪的工作。我记得柴油和青草混合的味道，我还记得那一年红辣椒乐队（Red Hot Chili Peppers）刚刚发布新唱片《加州淘金梦》。

我记得自己去巴黎玩。在卢森堡公园里读海明威的《永别了，武器》，那本书是硬皮的，棕色和蓝色的封面。

我记得遇到一个来自塞尔维亚的姑娘。和她在奥赛博物馆[1]逛了一下午。我记得在博物馆里，因为不能大声说话，我们都得歪着身子、对着耳朵说话。我记得她说话时气息吹到我耳朵的感觉。我记得她的名字是亚美利加，我记得我们一起走过巴黎的苏利桥，记得她的嘴唇吻起来有西班牙火腿的味道。

我记得我在拜萨住了 3 个月，那是安达卢西亚山区的一个小镇，在格拉纳达往北 100 千米左右。

我记得我住在露台旅馆（Hostal el Patio）的房间。房间里有一张床，两把椅子，一张桌子。我会买来面包和曼彻格乳酪[2]，把挂在窗

1　奥赛博物馆，法国巴黎的近代艺术博物馆，主要收藏从 1848 年到 1914 年间的绘画、雕塑、家具和摄影作品，位于塞纳河左岸，斜对卢浮宫，和杜伊勒里公园隔河相对。
2　曼彻格乳酪产自西班牙的拉曼彻，小说人物堂吉诃德的故乡。

外的一个小包当冰箱。我记得我当时随身带了两本书，安伯托·艾柯[1]的《玫瑰之名》和一本关于丹麦哲学家索伦·克尔凯郭尔[2]的书，我记得其中有一句话是这么说的："生活应该是向前的，但理解应该是向后的。"两本书，一盘磁带，一个随身听就是我所有的娱乐。我在那里四处瞎逛。我记得一天晚上回去时发现自己没带钥匙，门锁上了，于是我不得不顺着排水管爬到自己房间的窗口，不过我计算错了位置，把一位老妇人吓了一跳。

早上我会去莫凯迪咖啡馆（Café Mercantil），服务员看到我就会喊

1　安伯托·艾柯，意大利哲学家、作家，当代著名的符号学家。《玫瑰之名》是他的第一部小说，已被译成 35 种语言，总销量达 1600 万册，曾获意大利两个最高文学奖和法国梅迪西奖。根据小说改编的同名电影由奥斯卡获奖者让-雅克·阿努达执导，影帝肖恩·康纳利主演。
2　索伦·克尔凯郭尔，也译为齐克果、祁克果（1813—1855），丹麦哲学家，现代存在主义哲学的创始人，后现代主义的先驱。

一声"一杯咖啡，加牛奶"。我会坐在咖啡馆的一个角落，在一个A5 大小的笔记本上写很烂的文章。笔记本是灰黑色的。我记得我写了一句深奥的话："是我们离开了某个地方，还是某个地方离开了我们?"那里一杯咖啡卖 225 比塞塔[1]。

晚上我会去一个叫 Caché 的酒吧，喝那种加了两块冰的玫瑰威士忌，和酒吧招待开玩笑。她叫文图拉，穿着黑色的皮夹克，有一条狗，名叫乡巴佬（Chulo）。

我记得自己在丹麦的一个面包房工作，我的排班是凌晨 1 点半到早上 9 点，我记得做 140 千克肉桂面包馅料的配方是：70 千克的人工黄油，5 千克的肉桂……

我记得收获季时，我在法国香槟区的让·马凯特葡萄酒庄园工作。早上，让·马凯特会用他深沉的嗓音说"Bonjour!（早上好!）"，把我们工人叫醒。我记得有一个钟形罐里装满了乳酪，工人们可以自取以当午餐。乳酪很多，味道特别重。我记得取奶酪时得把罐子倾斜到一定的角度，不然就会有浓郁的奶酪味像海啸一样扑面而来。我记得在田间工作时村落旁边的一小块地。我记得我的腿有多疼。我记得修剪树枝的剪刀不小心割伤自己时不怎么疼，但是被葡萄藤另一头工作的家伙划一下却疼得要死。

我还记得黑色的葡萄，记得挤葡萄汁时速度必须快，不然葡萄酒就会有葡萄皮的颜色。下面放一个杯子接着，你就可以喝到挤出的新鲜葡萄汁。一天里最美好的时光是从田里回家的时候，筋疲力尽，饥肠辘辘，满身尘土。晚上，我们会吃一顿充满乡土气息的晚餐。我记得有一个冰箱里面塞满了各种香槟酒。我记得每天的最后一件事，就是躺在铺在水泥地上的薄薄一床褥子上，睡一个深沉甜美的觉。我记得当时自己特别幸福。

1　比塞塔是欧元流通前西班牙的本位货币单位。

我记得自己 21 岁时的味道、声音、形象、口味，还有各种感觉。我记得当时讲的话、想的事情、咖啡的价格、狗的名字、看过的菜单等。我记得我的 21 岁。

31 岁时，我只记得去办公室上班。

事实上，31 岁那一年，我记得的唯一一次对话是我和拉金德拉·帕乔里博士的对话。他是联合国政府气候变化专门委员会的主席。那一年气候峰会在哥本哈根举办，而我所在的公司正好在哥本哈根北部的赫尔辛格的克伦堡举办活动。那个城堡也被称为哈姆雷特的城堡。

"您知道厕所在哪儿吗？"帕乔里博士问我。

"我带您去吧，厕所在院子里，整个城堡只有那么一个厕所。"

"嗯？"他说，"整个城堡只有一个厕所，真的吗？"

"是的。"

"你觉得哈姆雷特是不是把台词说错了？"

"什么意思？"

"也许他应该说，去厕所 —— 还是不去 —— 这是个问题。"

是的。关于那年我基本只记得这些了。是的，确实是蛮有趣的对话，但这真的是"时光在我眼前飞逝"所留下的残影吗？比起撒尿的玩笑，肯定还有一些更有意义的时刻值得我铭记。但无论如何，我现在就记得那些了。这就是怀旧高峰的暴虐之处。你呢？你对自己的 21 岁有什么记忆？其他岁数呢？你每 10 年的记忆对比起来有没有什么不同之处？

怀旧高峰背后有一个理论是，青少年时期或者刚成年的那个时期是我们的性格形成期，是决定性的几年。那一时期，我们的自我正在形成。有些研究发现，决定我们怎么看待自己的那些经历，会被我们经常谈起，因为我们要向别人解释自己是个什么样的人。也正因如此，这些经历会让我们铭记一生。还有一个理论是，在这个时间段里，我们经历了很多人生中的第一次：第一次接吻，拥有第一座房子，得到第一份工作。你可能还记得我们前面说的，在幸福回忆研究中发现，人们有23%的记忆都跟新奇的经历有关。

在回忆这件事上，新奇就意味着持久。好几个研究都表明，我们的大脑更容易记住那些新奇的、不寻常的日子。英国研究者基里安·科恩（Gillian Cohen）和多萝西·福克纳（Dorothy Faulkner）的研究发现，73%的生动回忆要么是第一次的经历，要么是一些独一无二的事情。新奇的经历会由大脑进行更深度的认知处理，因此也会对这些回忆进行更好的编码储存。这就是第一次的魔力。非比寻常的日子就是会让我们终生难忘。

幸福记忆小贴士
每年去一个自己从来没去过的地方

去一个没去过的地方，无论是异国他乡，还是小镇另一头的公园。

我喜欢故地重游。每年夏天我都会去博恩霍尔姆岛玩，那是波罗的海的一个小岛。那里有我的一方天地。我知道哪里有野生的浆果，哪里可以用鱼叉捉鲽鱼，这让我很自在。不过，近些年我开始觉得，去之前从没去过的地方玩，对制造回忆十分重要，它能让我 10 年之后追忆往昔的时候，时间的步伐变得慢一点儿。不过，去没去过的地方也并不意味你一定得去蒙古国的大西北，也不是说一定得去布基纳法索的瓦加杜古。去小镇另一头的公园也完全可以。

去年我去默恩岛的白色海崖玩。巨大的白色山崖高出波罗的海海平面 100 多米，那里的景色可以说是全丹麦最动人心魄的。白色海崖也是丹麦寻找化石的绝佳地点，经常有人在那里找到 7000 万年前的化石。前两天听说一个小孩在那里找到了一个沧龙牙齿的化石。沧龙被称为海洋中的霸王龙。从我在哥本哈根的住处开车只要 1 小时 40 分钟就可以到那里，但我之前却从来没有去过。我花了一个下午在那里寻找化石，嘴里哼着《夺宝奇兵》的主题曲。虽然一块化石也没有找到，但我带回来了一次寻找宝藏的美好回忆。

你要去哪里呢？我们都有一些一直想着去但从没去过的地方。有哪些地方是你从没去过的呢？可能是天涯海角，也可能近在咫尺。拿出你的日历，选个日子，再拿出你的地图，规划你的行程吧。

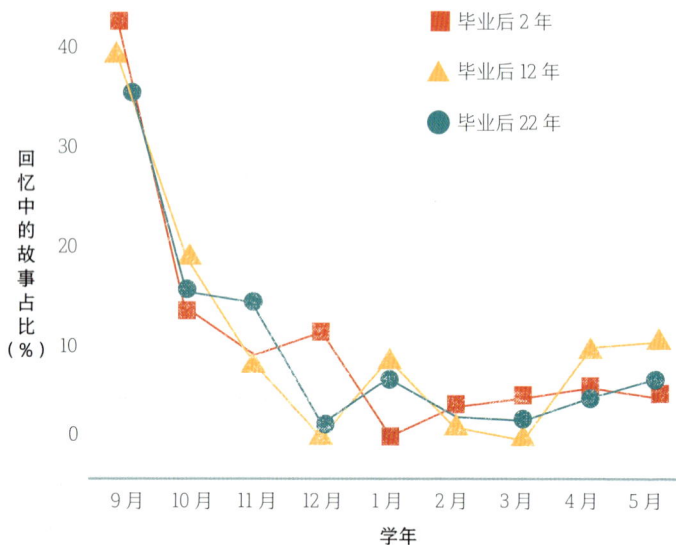

图表图例：
- 毕业后 2 年
- 毕业后 12 年
- 毕业后 22 年

纵轴：回忆中的故事占比（%）
横轴：学年 9月 10月 11月 12月 1月 2月 3月 4月 5月

第一次的经历至关重要，这也意味着如果你去上大学的话，你记住的可能更多是你大学的第一年，而不是那一年之后的那些日子。在新罕布什尔大学的心理学教授大卫·匹勒默主持的一项研究中，参与者被要求描述他们从大一开始的记忆。"我们并不是对特定类别的经历感兴趣，你就描述你最先想到的一件事就好。"研究员如是说。

研究员采访了 182 名女性，她们分别是从韦尔斯利学院毕业 2 年、12 年和 22 年的学生。在研究的第二部分，参与者被要求一条一条地分析她们之前描述的记忆：给那些回忆的情感强度评级，描述那段经历对她们当时生活的影响以及她们现在回想起来是什么感受，并回忆那段经历发生的日期。

研究结果显示，对所有不同入学年份的受访者来说，绝大多数的记忆发生于学年开始：约 40% 的记忆发生在 9 月份，约 16% 的记忆发生在 10 月份。

这些结果表明，过渡期的经历或者情绪波动更剧烈的经历（这一点我们稍后会谈到），更可能被我们铭记多年。这就是第一次的魔力。

在我们的幸福研究中，我们也从一些证据中发现新奇的经历的确有着神奇的魔力。

我们收集的回复中，有 5% 关于第一次的经历：第一次约会，第一次接吻，第一次学会走路，或者 60 岁的时候第一次独自去意大利旅行，第一份工作，第一次舞蹈表演，第一次和父亲在电影院看电影。

这也是为什么我记得所有第一次，当然也包括我的初吻。她的名字是 Kristy，那年我 16 岁。她父亲是个职业橄榄球运动员，我很怕他。

幸福记忆小贴士
追寻芒果

食物也可以给你带来新奇、深刻的记忆。旅途中也不要忘了带上自己的味蕾。

我第一次吃芒果的时候已经 16 岁了，那是 1994 年。我作为交换生在澳大利亚读书。那个时候，我的祖国丹麦的超市还没有开始进口芒果。

我记得芒果的甜味和口感。我记得我当时还想，怎么现在才遇到你？过去那么多年你在哪里？从那以后，我一直在追寻芒果，因为我相信，世界上一定还有什么吃的东西我还没尝过。我吃过腌制的冰岛鲨鱼，在摩洛哥的街边吃过蜗牛，这两种东西我都差点吐掉，直到现在我还清晰地记得当时的情景。我想说的是，第一次并不一定说是地理意义上的，也可以是味觉上的。如果你想给来你家用晚餐的客人一个难忘的夜晚，拿出他们之前从没吃过的东西就可以了（不过，如果你还想让他们来你家吃饭的话，腌鲨鱼就算了）。

最好不是那种一下子就可以吃得干干净净的东西，比如凌晨 3 点喝一小杯甘草伏特加。这谁都不会有什么印象，当然原因可能有很多。最好是像洋蓟那样吃起来需要费点工夫的食物，一片一片剥开，蘸上咸黄油，用牙齿享受绝佳的果肉。这个过程会让整个经历更加充满刺激，让人恒久铭记。

我们青少年的时候，经历了人生的很多第一次，到了 50 多岁的时候，就不容易碰到那种第一次的经历了。这也许就是为什么随着年龄的增长，我们会觉得时间过得越来越快。青少年时，我们生活的地点很容易发生迅速的变化，想想在河内、巴黎、法国香槟区或者西班牙拜萨（Baeza）的日子，再对比一下在办公室上班的那些面目模糊的日子。

研究显示，从说西班牙语的国家移民到美国的人，他们怀旧高峰出现的时间点和其他人有所不同，这主要跟他们移民的时间有关。

搬家到另一个城市对一个人来说是一个时间上的标志，也有些是集体的、大家共有的事件性标志，比如肯尼迪总统被刺杀，或者"9·11"事件。

总的来说，人生中的第一次 —— 这些时间标志和其他场景的转变是构成自传式记忆或情节记忆的基础。在这些标志之前和之后的事情我们都会记得很清楚。

如果想让生命慢下来，记住一些时刻，让我们的生命变得难忘，我们要记住利用第一次的魔力。在日常生活中，我们也可以考虑用这个方法，把普通的日常转变成不寻常的经历，拓宽我们人生的长河。一件小事也可以，比如你如果总是看着电视吃饭的话，那一家人坐在餐桌旁享用一顿烛光晚餐就会让那一天变得与众不同；如果你总是在餐桌旁享用烛光晚餐的话，那不如尝试一下一边吃晚餐，一边来个电影马拉松。

蜂 鸟

几年前，我在墨西哥的瓜达拉哈拉度过了一个夏天。当时我正在写一本书 —— 在哪里都可以写 —— 可能跟一个姑娘有关。

一天下午，我在一家理发店外面等候的时候，突然，一只蜂鸟出现了。它在我旁边待了一两分钟，悬停在空中，向我炫耀着它自己作为动物界的直升机的高超飞行技巧。"太奇妙了，我之前可从来没见过蜂鸟。"当时我心想。

一年之后，我父亲、我弟弟和我坐在一起回忆我 12 岁那年我们一起去美国的事情。4 周，4 个州，4 辆不同的车。我们聊了纽约城，聊了大峡谷，聊了肯尼迪航天中心，还有从得克萨斯州去墨西哥的时候穿过格兰德河的经历。

"你还记得那只蜂鸟吗？"我父亲问道。

"什么？"

"我们在犹他州见到的那只蜂鸟？"原来我在墨西哥见到的那只蜂鸟并不是我第一次见，我许多年前已经见过了。当时我才 12 岁，可能就是因为我才 12 岁，在那个年龄，蜂鸟并不是很特别。蜂鸟也只是鸟而已。鸟很普通，不酷。什么酷？10 亿美元也不酷 —— 樱桃口味的可乐和 MTV 才酷。这两个东西是我 12 岁的大脑一直记着的。

或者用尼采的话来说，坏记性的好处是，那个人可以多次享用一件美好东西的第一次。

对你来说普普通通的东西，对我来说可能会铭记终生。因此，同一件事情，人们记住的可能是不同的东西。我们可以做个小练习，和一位朋友或者家人出去散步，回来之后比较一下你们散步途中记住的东西。如果你有孩子的话，你要提醒他们你们一起共有的新奇经历，因为当时的他们可能还无法理解那件事有多么的非同寻常。

鲸、骏马、猫、老鹰、牛、火鸡、芝士蛋糕、大象

我们总会记得那些新奇的、鹤立鸡群的东西。这种现象被人称为孤立效应，或者叫冯·雷斯托夫效应（Von Restorff Effect）。1933 年，德国精神病学家冯·雷斯托夫发现，如果给人展示一个单词列表，这个列表里有一个词与众不同，那这个词就会更容易被人记住。比如在上面的列表里，很可能你记住的就是"芝士蛋糕"。顺便说一句，派对上聊天的时候说冯·雷斯托夫效应会让你显得更博学一些。

幸福记忆小贴士
如果你要登台讲话的话，手里捧一个菠萝上去

如果你想让人们记住你，你需要给他们一个能让他们想起你的东西。

大约 10 年前，我跳舞的时候不小心把眼睛蹭了一下，不得不戴了一周眼罩。那是对我来说最棒的一周。那时候，我在一个叫"周一清晨"的民间智库工作，研究可持续发展。眼罩不仅给了大家讲海盗笑话的借口，还使我得以控制我参加的每一个会（没人会跟戴眼罩的人作对！），同时，眼罩也让我被所有人记住了。"周一清晨"的迈克？就是那个？对，就是那个戴着眼罩的家伙。

或许每个人都希望自己在死后被人铭记。在《伊利亚特》里，阿喀琉斯也想过这个问题，是度过平凡而漫长的一生，还是短暂却荣耀永存的一生？

> 或者我留在这里和特洛伊同生共死，虽然我无法再回到家乡，但我的荣耀会永世长存；或者我可以回到先辈曾经生活过的我深爱的家乡，没有荣耀但余生漫长，死亡不会那么快降临。

的确，我们现在还会读到阿喀琉斯的故事，还会谈论他的事迹。不过，除了在特洛伊城门前作死叫嚣，还有另外一种简单的方法让人们记住你。

想要让人记住你，就要敢于出格，敢于鹤立鸡群。比如，如果我要在一个会议上做一次演讲的话，通常我都会很显眼，因为人们总会记住"那个讲幸福的家伙"。不过，如果做演讲的有二十几个人都是研究幸福的呢？答案是：上台的时候手里拿个菠萝。会议结束之后，观众铁定会记住那个抱着菠萝上台的人。当然，你要告诉大家你抱个菠萝上台的原因，不然那就太奇怪了；或者说，比你预想的过头了。恰到好处的奇怪和"再也不会收到邀请"的奇怪之间有着清晰的界线。抱着一个菠萝去参加和国家首相的会谈属于第二种。另外，恭喜你，今后你吃菠萝的时候肯定会想起我这个观点。

第二章

利用多种感官

"她叫茉黛斯塔，不过她其实一点儿都不低调。"萝拉说。萝拉是我的书的西班牙语版的编辑，说这话的时候，我们正在马德里市政广场后面的圣米格尔市场吃午餐，桌上有鱿鱼和另一条鱼。

茉黛斯塔（Modesta）这个名字在西班牙语里面是低调谦逊的意思。茉黛斯塔是萝拉的祖母，简直是伊莎贝尔·阿连德[1]小说的主人公或者佩德罗·阿莫多瓦[2]电影女主角的完美人选。每当我想起她，我就会想象她冷静、孤傲、泰然自若的神态，她瞪一眼就可以让路上的马车立刻停下。

"如果你去上大学，没有人会娶你的。"茉黛斯塔的父亲警告她说。

---

[1]　伊莎贝尔·阿连德（Isabel Allende），智利魔幻现实主义作家，代表作《幽灵之家》。
[2]　佩德罗·阿莫多瓦（Pedro Almodovar），西班牙著名导演，作品具争议性，着重表现欲望、暴力、宗教等主题。

那是 20 世纪 20 年代的西班牙，上大学还只是男性独有的权利。而且，这位父亲虽然是医生，却认为茉黛斯塔姐姐的死是因为教育毒害了她的大脑。

不过，茉黛斯塔还是坚持去上大学了，由她的姑姑做她的监护人。她姑姑坐在教室的后面，一边织毛衣，一边看着茉黛斯塔和她的男同学窃窃私语。这个镜头怎么样，阿莫多瓦导演？

放学后，茉黛斯塔和她的姑姑会去拉马洛奎纳始建于 1894 年的太阳广场上的一个小面包房，在面包房里吃一个叫酥皮星的小蛋糕。

茉黛斯塔毕业时拿了三个学位：两个教育学，一个药物学。还有，她结婚了，经历了西班牙内战，一直活到了 97 岁。晚年的时候，她总是叫萝拉帮她去拉马洛奎纳买一个酥皮星蛋糕。

拉马洛奎纳现在还在。听了茉黛斯塔故事后的几个月，我回到马德里，去太阳广场找那家面包店。它就在街角，在肯德基和麦当劳对面。不走运的是，那家面包房几年前已经不再做酥皮星蛋糕了。"那蛋糕很普通。"面包师跟我说，"我们现在的蛋糕比那个好多了。"

好不好对我来说并不重要。我好奇的是一个世纪前茉黛斯塔吃蛋糕时的味道，我想体验一下她回忆的味道。蛋糕的味道好不好，我想，对茉黛斯塔来说，也没有那么重要。有些时候，并不是那个味道如何如何，而是那个味道让我们想起来的东西才是真正吸引我们的地方。或许茉黛斯塔品尝到的是她童年的味道，或许是姑姑织毛衣的针把老师口中的化学规律编织到一起的味道，或许是一种自由的味道。

味道会触发一个人的回忆，在这一点上，茉黛斯塔并不孤独。我们在幸福研究所做的幸福回忆研究中发现，人们会频繁提到食物的味道。实际上，我们收集到的回忆中有 62% 都是跟各种感官联系在一起的。

幸福回忆是……

"和妈妈一起走在我长大的小镇的大街上，吃着柠檬味的意大利冰激凌。"

"小时候妈妈用烤箱烤帕博罗辣椒。烈火烘烤，辣椒裂开，噼啪作响，那种味道我特别喜欢。"

"和自己最好的朋友以及来自全国各地的队友一起吃棉花糖巧克力夹心饼（用两块全麦饼干夹棉花软糖和巧克力）。那是我吃过的最好吃的棉花糖巧克力夹心饼。那是一个秋天，我们一群人围坐在篝火周围。新英格兰乡村的景色无比惊艳。当时我觉得自己已经开心到无以复加，直到现在我还是觉得那是我最幸福的时光。"

谈起回忆，我们都知道味道可以把我们带上熟悉的旅途。喝一口柠檬酒你就立刻穿越到那个意大利的夏天，你可以感觉到夜晚温暖的空气在你皮肤上拂过的感觉。那种感觉，就是将过去的幸福暂时取出的感觉。我们都有过这种经历，一种味道、一个声音、一个场景、一次触摸就可以把我们送回过去，那种感觉会让你记起自己曾经被爱，曾经那么幸福。

我们的感觉和回忆是文学作品中很常见的主题。加西亚·马尔克斯的《霍乱时期的爱情》在开篇时就讲，苦杏仁的味道总会让乌尔比诺医生想起单相思的感觉。感觉可以触发我们的回忆。这种现象有时候被称为"普鲁斯特现象"或者"玛德莱娜时刻"。《追忆似水年华》是普鲁斯特最著名的作品，一共 7 册，总计 3000 多页。在第一册中，普鲁斯特尝了一口泡在茶里的小玛德莱娜蛋糕，然后他的童年回忆就像潮水一般涌来：

> 她让人拿来一块矮矮胖胖的小蛋糕，名字叫"小玛德莱娜"蛋糕 —— 看起来像是用扇贝壳压过一样的半圆形小点心。劳累了一天之后，想想明天还是一样的冷寂，我机械性地张开嘴，往嘴里送了一勺茶，茶里我泡了一块蛋糕。带着点心渣的那一勺热茶碰到我的上颚，顿时使我浑身一震，我全神贯注于自己身上发生的惊人变化。一种微妙的快感传遍全身，我感到超凡脱俗，却不知出自何因。

一些学者已经指出普鲁斯特描写的玛德莱娜时刻，并不是我们现在所认为的玛德莱娜时刻。我们现在认为的玛德莱娜时刻指的是，一种味道可以让人轻松想起一些生动的回忆，但是普鲁斯特这里还是费了很大工夫，做了好几次尝试，才想起自己的往事。

味道和回忆之间的联系因普鲁斯特的描写而得名，这无可厚非，但是我觉得关于这一点，还是小熊维尼说得最巧妙。小熊维尼和自己的好朋友小猪讨论它们早上想起来的第一件事。小熊维尼最先想到的是"早饭吃什么"，小猪想到的是"这一天会发生什么激动人心的事情"。然后小熊维尼说，"那我们说的是一件事"。它知道我们的经历和回忆会受到食物的影响。看看，根本不需要写3000多页的书，对不对？

无论这里你选普鲁斯特还是选小熊维尼做你的"先知"，我们说的重点是要充分利用自己的所有感官。当你幸福的时候，要留意你看到的、闻到的、听到的、感觉到的东西。

我们在幸福研究所做的幸福回忆研究中有一个很好的例子，故事主角是一位 50 多岁的美国人。

> 我们在沙滩边的房子连续住了 6 天。清晨，我会摸黑起床，听大海的浪涛咆哮，看温暖的太阳升起。然后我会和自己生命中的真爱一起在海边散步，看鸟。散步回来，我们一起喝咖啡的时候，我会用自己的智能手机把我们观鸟的数据提交到国际鸟类数据库。看到大自然的景色，听到大自然的声音，触摸着沙滩，同时为鸟类科学研究作贡献，这些都让这段旅程无与伦比。我记得这一切，因为它刚过去不久，因为它和我生命中的至爱有关：大自然，观鸟，和自己爱的人一起做我们热爱的事情。同时，日出前在黑暗中凝视，聆听大海的声音，在我心中建立起一片宏大的内心空间。在沙滩上散步也是。

注意他提到的所有东西。这个人注意到了各种不同的感官输入：汹涌海浪的声音，天空中的飞鸟，刚刚升起的温暖的朝阳。而且，我觉得他对观鸟是真正的热爱。

幸福记忆小贴士
独一无二的回忆触发器

你是通过关联想起事情的，所以确保在你的经历中有一样东西可以把你带回到那一时刻。

即使我们没有读过普鲁斯特意识流地讲述自己蘸着茶水吃玛德莱娜蛋糕想起的一连串事情，我们也能感受到属于自己的普鲁斯特时刻。

你运用的感官越多，比如视觉、嗅觉、听觉、味觉和触觉，你能记住的事情就越生动；你准备的线索越多，你就越可能记住并回想起这段回忆。

自发回忆（spontaneous memory）基本上都是由关联事物触发的。你再次经历了回忆中的一个细节，然后就触发了你的回忆。只关联到特定某一段回忆的触发器效果最好。

因为我经常闻到咖啡的味道，所以那并不能触发我任何的回忆，虽然我特别喜欢咖啡。但是，如果我闻到干枯的海藻的味道，就会想起 7 月那一天，我拿着渔叉抓到了三条比目鱼，坐在温热的石头上，看着大海，呼吸深沉，感觉很放松、平和、快乐。我想永远记住那一刻。所以我抓了一把干枯的海藻，好好闻了闻，好让那一天更加特别一些。

下次你特别快乐、想记住那一刻的时候，运用你所有的感官。有没有一种独一无二的味道、声音、触感会让你记住那一刻？如果有的话，那一刻就会成为你的长期记忆。

香气和感知力

去伦敦的时候我总会住在同一家酒店。

对我来说，那家酒店有两样东西很特别。第一样是它每间房的床头都挂着一幅达·芬奇的《抱银貂的女子》的复制品。貂长得跟鼬很像，画上的这只看起来特别凶，红红的眼睛，锋利的爪子。我会止不住地想，在这个酒店的历史上，肯定有一个人在开会时说："你们知道有一只凶巴巴的银貂的画吗？我们得在每个房间都挂一幅。"

这家酒店让我印象深刻的第二样东西是它的味道。有些酒店会用特地定制的香氛，那已经成了它们品牌的一部分。一家瑞士连锁酒店想让住客闻到瑞士的味道，他们就特地定制了一款香氛。他们标志性的香氛里有山间空气的味道，还有一丝丝金钱的气息。

像 Air Aroma 和 ScentAir 这样的公司会和酒店或商店合作，创造有独特香气的地点。ScentAir 的客户之一是 M 豆巧克力伦敦莱切斯特广场店。"他们卖的东西是提前包装过的。"ScentAir 英国的执行总监克里斯多夫·布拉特在接受《独立报》采访时说："虽然说那里本来闻起来就应该是巧克力的味道，但并不是这样。"现在是这样了。好吧，你应该知道我大概什么意思了。

不过，为什么味道这么重要呢？归根到底，味道会创造一种独特的多重感官体验，会转变成顾客或住客的独特记忆。"我们塑造的其实是客人的长期记忆。"Air Aroma 公司的卡丽·福勒说，"味道可以直接影响人们对一家酒店的看法和记忆。从顾客到达的那一刻开始，他们就想要那种独特的感觉和经历。"

但坦白讲，如果没有和经历联系起来，味道并没有任何意义。当味道和某些东西关联起来之后，味道就代表了那些东西。我们讨厌垃圾的味道是因为我们知道这个味道代表着垃圾。或者，用莎士比亚笔下哈姆雷特的话来说："没有什么好与坏，看法使然。"怎么有股腐烂的味道？好吧，是谁在吃鲱鱼罐头？肯定是克劳迪斯大叔，他身上总有股鱼腥味儿。

这个回忆闻起来搞笑吗？

个人觉得，《怦然心动的人生整理魔法》的作者麻理惠是个超级英雄，她的宿敌应该是安迪·沃霍尔。她的超能力应该是给单只袜子配对。

沃霍尔最出名的是他的《浓汤罐头》《玛丽莲·梦露》，还有他著名的"每个人都可以成名 15 分钟"，而鲜为人知的是他收集东西的癖好。从 20 世纪 60 年代早期一直到他 1987 年去世，他做了 600 多个时间胶囊，里面装的东西成百上千，各式各样：有从高档餐馆顺来的烟灰缸、圣诞节的包装纸、没拆封的信、美术馆的邀请函、猫王的照片、各种名片、垃圾邮件、粉丝来信、黑胶唱片、脚指甲刀、死蚂蚁、一块水泥，还有一块比弗利威尔希尔酒店"请勿打扰"的牌子。

如果放个脚指甲刀进去也算是时间胶囊的话，我想我卧室里的那些抽屉应该也都算。在匹兹堡的安迪·沃霍尔博物馆，人们得付 10 美元才能打开看沃霍尔的时间胶囊。不过，在沃霍尔收集的东西里面，我觉得最有趣的要数他的气味博物馆了。

沃霍尔对香水很痴迷。他的回忆录《安迪·沃霍尔的哲学 —— 从 A 到 B 再从 B 到 A》中描述他总是换香水，为的就是保存每种味道关联的回忆。

> 如果我使用一款香水超过 3 个月，我就会强迫自己换一款，即使我特别喜欢之前那一款。这样等我再闻到那款香水的时候，我就会想起那 3 个月的事情。我从来都不会重复使用一款香水，所以用过的香水都成了我气味博物馆永久的藏品。

在沃霍尔看来，视觉、听觉、触觉和味觉都不如嗅觉可以更有效地触发特定的回忆。把这些气味保存在瓶子里，他觉得自己掌控了回忆，可以根据自己的情绪选择不同的回忆去重温。他说，这种追忆的方式很棒。味道如此重要，其背后的理论之一是它跟我们大脑的边缘系统相连，而与之相连的还有我们的回忆和情感。

沃霍尔下葬的时候，陪葬的是雅诗兰黛一款叫作"美丽"的香水。据描述，这款香水有"1000 种花的香味"。前调是玫瑰、百合和柑橘，后调是温暖的琥珀和檀香，1985 年上市。我好奇那一年发生了什么事情，为什么沃霍尔死都要带上它。

买一瓶最喜欢的香水给自己陪葬可能对一些人来说有点奢侈。如果是我的话，我会办得简单点。你懂的，只需要标准的风笛乐队，还有鸣枪示意，外加 5 架战斗机从天上飞过。另外，我一居室的房子里最好有一个小吧台，放点儿杜松子酒、奎宁水、欧本威士忌，还要有一幅《抱银貂的女子》的复制品。

幸福记忆小贴士

每一个幸福的回忆都应该有自己的背景音乐

当你听到库里奥（Coolio）唱《黑帮天堂》（"Gangsta's Paradise"），安立奎·伊格莱希亚斯（Enrique Iglesias）唱《跳舞吧》（"Bailamos"），蒂朵（Dido）唱《白旗》（"White Flag"）的时候，你会想起什么？这三首歌分别是1995年、1999年和2004年的大热歌曲。

1995年，我在一家电影院上班，当时上映的大片是米歇尔·菲佛主演的《危险游戏》；1999年，我在西班牙，当时每家酒吧都在放《跳舞吧》这首歌；2004年，蒂朵的歌是我骑自行车环游哥本哈根时的背景音乐。这些就是我听到这几首歌时脑海中的场景。那时候爆米花的味道、威士忌的口感、骑车时的街景都重现了。

和味道一样，音乐也可以让我们穿越时空。一个音符就可以让我们重新回到那个时间、那个地方，感受到当时的那种情绪。你立刻就回到了从前，就好像你从未离开一样。就像有人说的，每一首最爱的歌曲后面都有一个不为人知的故事。

而这种时空穿越也会反过来影响我们对音乐的喜好。

2008 年,《纽约时报》作者、经济学家赛思·斯蒂芬斯-达维多维茨对 Spotify 的数据进行了一些研究。他研究了 1960 年到 2000 年每年排行榜第一的歌以及不同人群收听这些歌曲的频率。结果并没有出人意料,年龄是决定我们音乐品位的重要因素。八十几岁的男性没有多少人的播放列表里会有泰勒·斯威夫特的《摆脱》("Shake It Off")。只有四十几岁的警察才会听这首歌,如果你不知道为什么,赶紧网上搜一下吧。言归正传,研究表明成年人的音乐偏好在青春期的时候基本就固定下来了。

例如,电台司令乐队(Radiohead)的《爬行》("Creep")在 1977 年出生的男性中很受欢迎,它在这一年龄组"最常收听的歌曲"中排第 164 位,但对 1967 年或 1987 年出生的人群来说,这首歌甚至排不到前 300 位。《爬行》出现的时候,喜欢这首歌曲的人在 15 岁左右,而且这似乎是个规律。斯蒂芬斯-达维多维茨发现,对男性来说,最受欢迎的歌曲都是在他们 15 岁或 16 岁时出的歌;对女性来说,这个神奇的音乐年龄是 11 岁到 15 岁。这也就是说,你在青少年时候喜欢的歌,你会一直喜欢下去。

知道了这些,你也就知道在派对上怎样才能让大家嗨起来,怎样让大家谈谈他们青少年时的回忆;或者说,你就能确保自己最幸福的回忆有它自己的背景音乐。

珍妮·杰克逊（Janet Jackson），1993 年，《那就是爱情的样子》（"That's the Way Love Goes"）

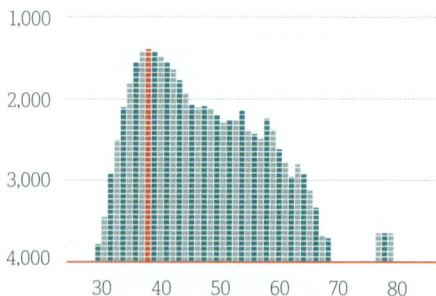

在35岁的女性中最
受欢迎（歌曲发行
时11岁）

治疗乐团（The Cure），1987 年，《宛如天堂》（"Just Like Heaven"）

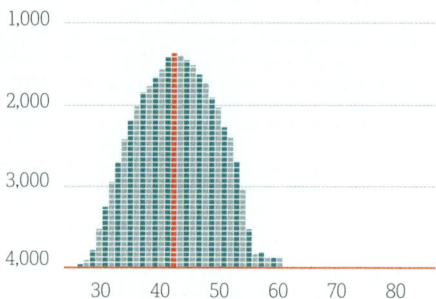

在41岁的女性中最
受欢迎（歌曲发行
时11岁）

罗伊·奥比森（Roy Orbison），1964 年，《美丽的女郎》（"Oh, Pretty Woman"）

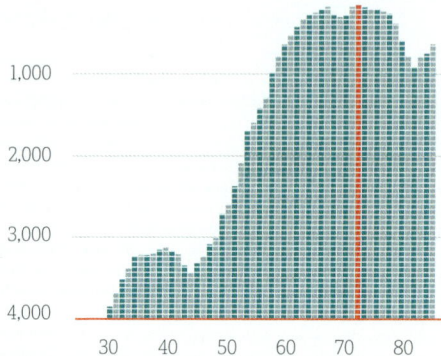

在69岁的女性中最
受欢迎（歌曲发行
时17岁）

野人花园（Savage Garden），1997 年，《真心、疯狂、深情》（"Truly Madly Deeply"）

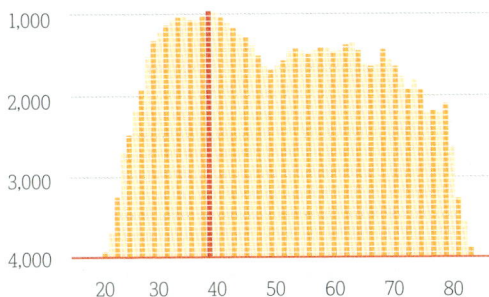

在38岁的男性中最
受欢迎（歌曲发行
时18岁）

范·莫里森（Van Morrison），1970 年，《疯狂的爱》（"Crazy Love"）

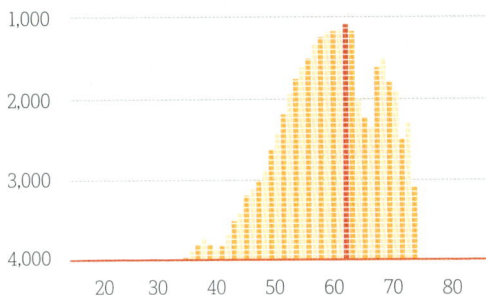

在63岁的男性中最
受欢迎（歌曲发行
时16岁）

雷·查尔斯（Ray Charles），1962 年，《我无法停止爱你》（"I Can't Stop Loving You"）

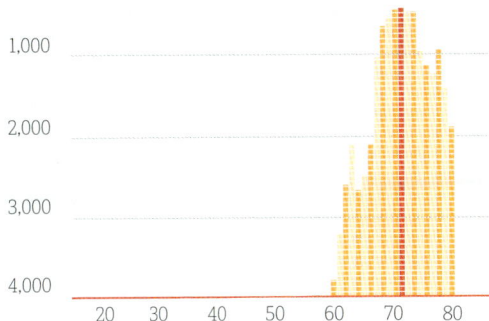

在72岁的男性中最
受欢迎（歌曲发行
时17岁）

资料来源：《我们最喜欢的那些歌》，《纽约时报》，2018 年。基于赛思·斯蒂芬斯-达维多维茨对流媒体音乐平台 Spotify 数据所做的分析。

虚假记忆饮食

现在我们知道我们的感官可以让我们记住并回想起更加生动的过往。一种味道也可以触发回忆。而且，我们的回忆也能影响我们喜欢的味道，甚至虚假的回忆都可以。

伊丽莎白·洛夫特（Elizabeth Loftus）是加利福尼亚大学尔湾分校的教授，关于虚假回忆如何影响人类行为，她做了一些有趣的研究。

她 2008 年的一项研究叫作《芦笋之爱：你和健康饮食之间只差一个虚假的回忆》。研究涉及 231 名参与者，他们都以为自己参与的研究是关于性格和食物偏好之间的关系，每个人都做了大量的问卷。其中有一个问卷评估了每个人对列出来的 32 道菜的喜好，其中包括香煎芦笋头这道菜。这 32 道菜是列在一张普通菜单上的，包括开胃菜、汤类等。

另一个问卷关于食物价格和参与者从菜市场购买食物的意愿。问卷上列出了 21 种食物，包括大米、玉米片、小黄瓜和芦笋等。

这些调查是分好几次进行的。在调查的过程中，洛夫特和同事故意让一些参与者相信自己小时候喜欢吃芦笋。而对另一些参与者，洛夫特和同事没有做这样的处理，这些人就是控制组。

相比控制组来说，那些相信自己小时候喜欢吃芦笋的参与者的数据显示他们的新记忆产生了效果，他们总体上更喜欢芦笋，并且更愿意在餐馆点芦笋那道菜，在菜市场也愿意为芦笋付更多的钱。

这个研究让我回想起一件事。小时候，我朋友、我，还有我母亲，会假装自己是海盗，并用芹菜当长剑。我个人并不喜欢吃芹菜，但直到现在我还是时不时会买芹菜。你懂的，"以防海盗再来我家"。

幸福记忆小贴士
做一道"回忆菜"

如果你喜欢做饭，你要试试把某些菜和你幸福的回忆联系起来。

今年夏天，我和女朋友在博恩霍尔姆岛玩了一天，为了记住那一天，我们做了一道"回忆菜"。那天，我们不慌不忙吃完早餐，玩了一局纵横填字游戏，下午游了个泳。我们在波罗的海凉爽的海水里游完后，在被太阳晒得暖烘烘的石头上休息。然后，杜松子酒和奎宁水加入了我们的派对，这也就是我忘了晚饭吃的什么的原因。但我记得后来的甜点是在附近森林采摘的新鲜樱桃。

我们看着落日的余晖没入海面，走回自己的小屋，发现远处另一束光笼罩在地平线上的 Gudhjem 小镇（字面意思是"神的家园"）。Gudhjem 小镇是博恩霍尔姆岛东海岸的一个小镇，丹麦的经典美食"圣光开口三明治"的名字就源自这个小镇（这道美食的丹麦名字是 smørrebrød（Sol over Gudhjem），字面意思是"阳光笼罩神之家园"）。试着用丹麦语念出这个名字的时候要小心点，很容易引起让人恼火的"元音综合征"（指这个名字里面有太多的元音）。

我们发现的那一束光来自正在缓缓升起的月亮，也因此，我们自然而然地把这道"回忆菜"命名为"月光笼罩着神之家园"。这道菜包括一片吐司，上面放一只熏虾（博恩霍尔姆岛的特产），再在上面盖上一个溏心煎蛋。当你把盖在黑色熏虾上的溏心煎蛋切开的时候，你就能看到缓缓升起的月亮，然后回想起那个完美的夏日。

幸福记忆小贴士
游览记忆小道

再次探访那些能触发美好时光回忆的地方。

现在，我们已经知道事件发生的地方可以让我们更容易地回想起当时的经历。这是用我们的视觉触发记忆。既然如此的话，那去实地探索一下我们的"记忆大道"再好不过了。

去年夏天，我还在为这本书搜集素材的时候，我女朋友和我去拜访了我爸——狼爹。当时我请求他规划一个"狼图"（狼之旅），绕着丹麦第二大城市奥胡斯走一圈。我父亲20世纪60年代还在广告行业的时候，在那里工作，3年前才搬回来的。

"我想看看你住的地方，你工作的地方，你买醉的地方。"我说。

那天下午，我们去了他工作的地方。我们走了他早上上班走的路。我们去了 Teater Bodega 茶餐厅，我父亲和他的同事下班之后会在那里吃饭喝酒。那条街上，穿着制服的汽车司机会在店外面等着，擦擦他们的车。我妈曾经在那里的药店上班，那家药店也是我爸和我妈第一次见面的地方。我记得我妈跟我讲她讨厌那里的水蛭，当时她还称呼她老板为"药剂师先生"。

这些故事我以前都听过，但是当我看到这些故事真实发生的地方时，它们才变得生动起来。现在，这些故事和我父亲的一些回忆融合起来，成了我们那个美好的夏日午后环绕奥胡斯散步的共同记忆。所以，还等什么，去记忆中的小道走走。要么一个人，要么和自己深爱的人。

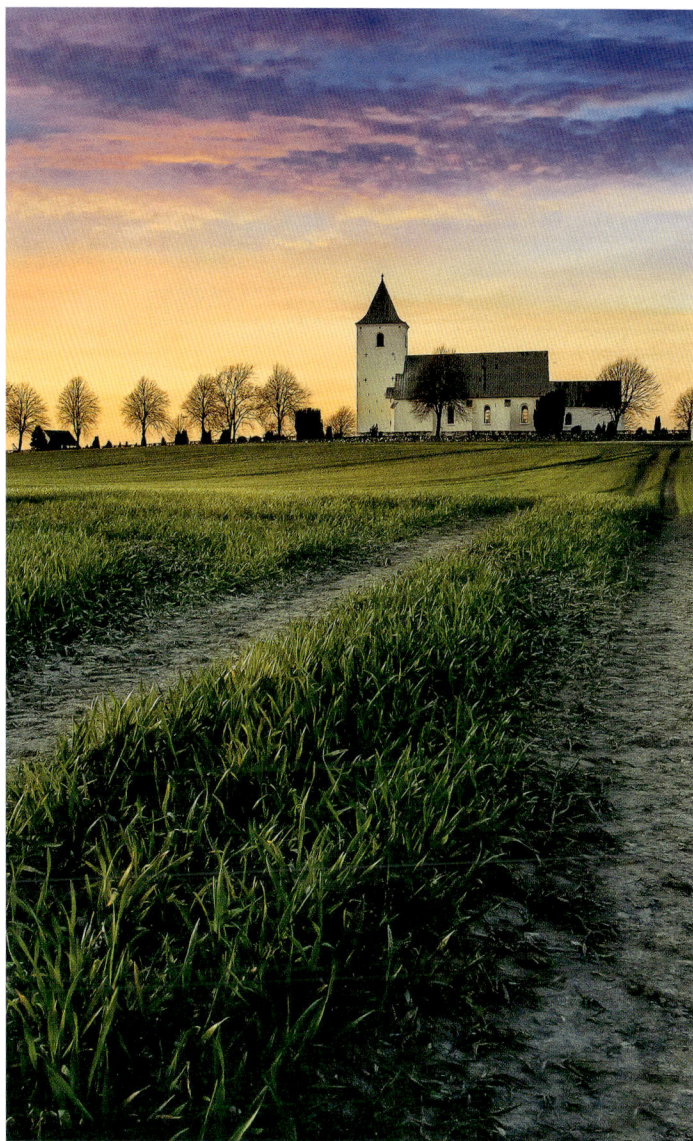

大使孵蛋：视觉的力量

想象一下，我要请你和我的一些朋友来我家吃晚饭（顺便说一句，我们吃的是洋蓟和炸鱿鱼圈）。

"这位是米凯尔，他是个医生，喜欢飞来飞去。"

"你好，很高兴见到你，米凯尔。"

"这是杰斯，他拥有自己的服装品牌，是我认识的人里滑雪滑得最棒的。"

"很高兴见到你，杰斯。"

"这是莉丝，她是个记者，一周踢好几次球。"

"你好！"

"这是简斯，他是个律师，住在北京。"

"哇！北京。你好，简斯。"

"这是伊布。他做 IT 的，我们俩一周打两次网球。"

"你好，很高兴见到你。"

"这是艾达。她是做公关的，业余时间还养蜂。"

"哇！养蜂。"

"最后一位，这是尼考拉伊。他在法伊岛上有个水果种植园，他的主要工作是数钱。"

好，现在你还能想起来我给你介绍的第一位女士的名字吗？很可能记不起来了。你可能绞尽脑汁也想不起他们其中任何一个人的名字，相反，却记得他们的职业和爱好。

这种现象被称为"面包师悖论"。如果有人把贝克先生介绍给我们，同时有人把一位面包师介绍给我们，那我们更可能记住面包师，而不是贝克先生。（英语中面包师为 Baker，和"贝克"的发音拼写均相同）如果是一个面包师，我们可以想象出一个场景：一个人戴着高高的厨师帽，倒面粉，揉面团。

我们可能和"面包师"已经建立了很多联系，甚至可能包含多重感官的体验。我们去过面包房，闻过那里的味道，也吃过新鲜出炉的面包。我们可以想象出面包师干活的场景。但是贝克先生这个名字对我们来说只是几个英文字母而已。名字从本质上来说，只是几个随机组合的音节，像是一锅没有任何意义的声音煮成的汤。

因此，记住米凯尔是个医生、尼考拉伊有个水果种植园，比起记住伊布是搞 IT 的和艾达是个公关可能要更容易一些。因为你更容易想象出米凯尔做手术或者尼考拉伊的苹果树的样子，但你很难想象出艾达做公关的时候到底是个什么样子。

罗马执政官西塞罗是个哲学家、演说家，他有一句话说："我们最犀利的感觉就是我们的视觉，因此，从耳朵或者其他器官得来的信息如果能通过视觉的形式让我们理解，我们就能更容易地记住它们。"

2016 年的夏天我在吉隆坡作演讲，被邀请去和丹麦驻马来西亚大使及其夫人共进晚餐。当时我已经在研究回忆了，所以我们就聊到了这个话题。我们聊到记住人们的名字确实很难，但是视觉化的信息可以帮助我们。

他们的姓是胡戈（Ruge），在丹麦语里的意思是"孵蛋"。另外，我有两个朋友和大使及其夫人的名是一样的：尼考拉伊和艾丝翠得。所以对我来说这个场景很容易就想象出来了：尼考拉伊和艾丝翠得坐在几个鸡蛋上面孵蛋。由于这个场景，到现在我还记得大使

和大使夫人的姓名。从这个很小的例子中，我们可以看出视觉化的回忆是如何起作用的，也能看出视觉记忆相比口头记忆的高超之处。加拿大主教大学的心理学教授利昂内·斯坦丁对这一点进行了深入的研究。

1973年，他做了一系列的实验，试图了解人类的回忆。他们要求参与者记住一些图画或者文字，每幅画或者文字只展示一次，每次5秒钟。

文字是从《韦氏大词典》中随机选择的，打印在35毫米的幻灯片上，比如"沙拉""棉花""减少""伪装""吨"等。

斯坦丁当时执教的加拿大麦克马斯特大学的学生和教师志愿者提供了1000张快照。照片是在那里面随机选的，大多数都是和假日有关的，如沙滩、棕榈树、日落等。有一些图片要更生动一些，比如一架失事的飞机，一只叼着烟斗的狗等。不过有一点要记住：那是20世纪70年代，到处都是叼着烟斗的狗。参与者看了一次照片或者词语两天后，研究人员会拿出两张快照或者两个词语让他们回忆。其中一张照片或词语是他们看过的，另一张照片或词语是新的。

结果显示，我们的图片记忆要比我们的词语记忆更好。如果习题集是1000个单词，我们只能记住其中的62%；如果习题集是1000张快照的话，我们能记住77%。习题集的数量越多，识别率越低。比如，如果图片"习题集"增加到10000张，那识别率会降到66%。但是，不管怎样，我们对图片的记忆比对文字的记忆更为深刻。这可能就是为什么你更容易记住别人的长相，而不是名字。因此，如果有人要介绍给你一个叫佩内洛普的人，你想象一下她旁边站着佩内洛普·克鲁兹，这样你的记忆就会更深刻。

另外，如果展示的是情节生动的照片，而不是普通照片的话，1000张照片的识别率就能提高到88%。照片越离奇，就越容易被人记住（比如我朋友孵蛋的画面）。而且，照片越滑稽，越调皮，越触犯禁忌，就越让人印象深刻。在你想象刚刚遇到的佩内洛普·克鲁兹的时候，记住这一点。

幸福记忆小贴士
描述整个场景

如果你写日记的话，把你所有感官方面的印象都写下来。

在回忆银行存贮回忆的时候，我会确保自己存的是美好的回忆，这样我取出的就是幸福和快乐。我们所有的感觉都可以把我们带回过去，穿越到我们幸福的时间和地点，它们也可以成为幸福回忆的触发器。因此，如果你有写日记的习惯，记住一定把你所有的感觉都记录下来。

2018 年，我有幸和朋友约翰、米莉一起玩了几天。约翰是《世界幸福》报告的编者之一。如果有"世界善良大赛"的话，约翰和米莉一定会名列前茅。他们两个是我见过的最善良的人。这里是我当时写的日记。看的时候，请记住这句中国的谚语：好记性不如烂笔头。

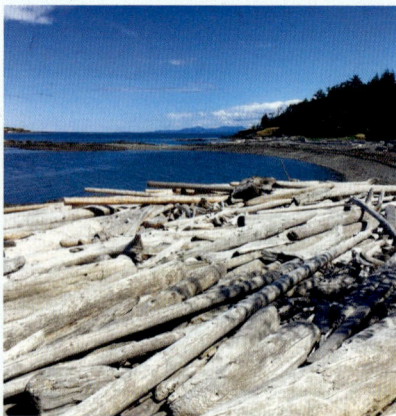

加拿大　霍恩比岛

2018 年 6 月

每晚都能看到鹿。它们甚至会去吃米莉种在前院的花。退潮时，太阳出来了，海豹会在岸边的小礁石上晒太阳取暖，我们在房子里都能听到海豹的叫声。

霍恩比岛在不列颠哥伦比亚省的西海岸。从温哥华过来需要换乘 3 次，坐 6 小时的渡轮。

他们家在这里已经历经了 4 代人。约翰的父亲买下了这块地，现在约翰和米莉的孩子以及他们孩子的孩子都会经常来。约翰的父亲把一大块地捐给了国家，建成了现在的赫利韦尔公园，因为这个地方实在太美了，自己独享太过奢侈了。

太阳出来的时候，外面很暖和，可以坐在前庭写东西。往北，穿过一片水域，能看到白雪覆盖的山，风起的时候，能清晰地感受到凉爽的风拂过面颊。

我在写我的新书。这里没有 Wi-Fi，唯一能让我分心的就是米莉正在准备的草莓酱和大黄馅饼的味道。约翰也在写东西，用两个手指敲着键盘，哒哒哒。

今天我们去树林里跑了一圈，去找老鹰的巢穴。树林里有一种特殊的味道，我觉得是道格拉斯冷杉的味道。米莉在家里的花园里忙活，那个花园是我许久以来见过最大的。她在花园里种了好多东西，西红柿、洋蓟、灯笼椒、树莓、苹果，还有梨。用篱笆围着，以免鹿跑进来。

晚上的时候，我们会喝着白葡萄酒，吃着螃蟹、芦笋，谈谈巴黎，谈谈政治，谈谈土豆沙拉以及其他。

第三章

用心对待你的幸福回忆

在《血字的研究》中，夏洛克·福尔摩斯跟华生说，他觉得人的大脑就像座空空的阁楼。

他可以把自己喜欢的家具放进去，但是空间是有限的。因此，如果要往里面放进去一种知识或者一段回忆的话，就需要拿出一件东西扔掉。为了给福尔摩斯觉得重要的东西腾出地方，比如说不同武器造成的伤口的样子或者各种毒药的原理，他就必须扔掉一些不那么重要的信息，比如地球是在围着太阳转。

"你看到了，但你并没有仔细观察。"福尔摩斯在《波西米亚的丑闻》里给华生讲道理。

"两者的区别很明显。比如说，从大厅到这个房间的楼梯你经常看到吧?"

"是的，经常看。"

"多经常呢?"

"嗯，几百次总有了。"

"那这个楼梯一共有多少级?"

"多少级? 我怎么知道?"

"这就是区别! 虽然你看到了，但你并没有仔细观察。我说的就是这个意思。一共有 17 级，我知道，因为我看到了，也观察了。"

福尔摩斯指出了看和观察的区别，谈到回忆，这两者的区别也很重要。观察需要你使用你的注意力。我们每天看到的东西不计其数，但是我们能记起来的屈指可数。但福尔摩斯有一点说错了，空间的确有限，但是我们的回忆不是一间小阁楼而是一座大库房。

好，我们来谈数数。这里我需要你上一下网，搜索"选择性记忆测试"（Selective Attention Test），然后点开搜索结果中的视频。视频里会要求你去注意穿白色衣服的人传了多少次篮球。视频只有一分钟左右，看完后回来。

欢迎回来。好的，问题来了: 你注意到那只大猩猩了吗? 如果你没有看视频参加测试的话，我来给你讲一下视频的内容。跟我说的一样，视频会要求你去注意穿白色衣服的人传了多少次篮球。视频里有 3 个人穿着白色衣服，3 个人穿着黑色衣服，一共有两个篮球。

穿黑衣服的 3 个人互相传球，穿白衣服的 3 个人也一样。传球的时候，他们还会四处走动，在两个人之间穿来穿去。在你集中注意力数着白衣服传了几次球的时候，一个全身穿着大猩猩外套的人（我们就叫他大猩猩吧）从屏幕右侧走进画面。其他人当作无事发生，继续传着球。大猩猩走过几个人，停在人群当中，捶了捶自己的胸膛，然后走了出去。

我第一次看视频的时候，知道这个实验的意图是什么，但是当我看到结果显示超过半数的人根本没有注意到那只大猩猩的时候，我简直不敢相信。

甚至当实验人员告诉参与者刚才视频里有一只大猩猩，参与者还是觉得自己绝对不可能忽略这么荒谬的东西。他们说："一个穿着大猩猩衣服的人捶自己的胸膛？如果有，我肯定会注意到的。"我们不仅对显而易见的东西视而不见，而且还对自己的盲目性视而不见。

这个视频是 1999 年伊利诺伊大学和美国联合学院的心理学教授丹尼尔·西蒙斯和克里斯·查布利斯一起制作的。西蒙斯说："我们的直觉以为我们一定会注意到那些有形的、与众不同的东西，但是我们的直觉总会出错。"也就是说，我们所关注到的细节，只是我们体验的世界的一个很小的子集。采用相同实验方法验证的其他几个实验也说明了这个结论。

我们的不同感觉器官收集到的各种信号无时无刻不在轰炸着我们。此时此刻，我在东京的一家酒店吃着早餐。之前的一小时里，我一直在写这页书，我把自己和外部的世界隔绝了起来，但同时我也试图去注意自己的周遭，我能闻到我旁边厨房煎蛋的味道。

旁边一桌是两个西班牙的生意人在讨论他们给客户开多少钱的发票。餐厅的音乐很轻快，中间夹杂着不用筷子的那些人使用刀叉时发出叮叮当当的声音。坐在这里，我能看到东京的天际线，彩虹桥每一秒钟变换一种颜色。我已经坐在这里好几小时了，我感觉我的大腿有些难受。看到了吗？有视觉、嗅觉、听觉，还有触觉，每种感觉系统都有着大量输入的信息，这些信息之后会被我们的大脑进行筛选和处理。

这个过程就叫作选择性筛选，或者叫选择性注意，这个过程每时每刻都在发生。我们只会注意这些信息中的小部分，然后把其余的信息丢弃。就像福尔摩斯说的，我们看了，但是并没有观察。幸福记忆研究中，人们回忆起来的所有事情都是他们注意到的、他们观察到的：这也就是为什么在第 8 页的幸福记忆原料中注意力的比例是 100%。也许，注意力并不是原料，它更像是烤面包的托盘，是所有记忆的基础。

我们看到但并没有记住的信息多得惊人，不仅有客厅楼梯的级数，有那个捶胸膛的大猩猩，还有我们吃到的食物的味道，季节缓慢转变的过程以及炎热夏日里雨的味道，等等。

建议你停下脚步，去闻一闻玫瑰花的味道，这听起来似乎是老生常谈，但是研究结果显示，这会提升你对自己生活的满意度。罗格斯大学的心理学教授南希·法格利做过一个有 250 名参与者的研究。研究发现，欣赏的 8 个方面，包括敬畏，还有和自然或生命的联系，都跟我们的幸福有关。

我们的注意力就是金钱。它是有限的，我们只能选择如何去分配这种有限的资源。注意力是一个令人垂涎三尺、利润丰厚的市场，到处都是觊觎它的目光。当今世界，最珍贵的资产就是我们的注意力。奈飞公司[1]宣称睡眠是他们最大的竞争对手，各种市场营销机构不断寻找各种手段试图占用我们最后一点点还未被利用的注意力资源。

---

1 Netflix（Nasdaq NFLX），美国奈飞公司，是一家会员订阅制的流媒体播放平台。

厕所的门上、电梯的栏杆上、校园卡的背面、ATM 取款机的屏幕
上，各种各样的广告无处不在。飞机上的娱乐系统里也被航空公司
塞满了广告，除非你坐的是商务舱。没有广告的体验成了现代社会
的奢侈品。

你一边满头大汗地一件件完成你的待办事项，一边看看手机，回复
凯伦的信息，顺便再刷刷短视频 —— 哇，这小狗好可爱 —— 然后
接着做待办事项，手机响了，凯伦的信息，你回她"星期一可以
的"，打开日历，突然想起来周一的会，然后在待办事项表上加了
一条"准备演讲"。看起来是不是很熟悉？

那我们在被这些大规模"分心武器"袭击的时候，或者说在我们进
行多任务工作时，我们的记忆发生了什么？

也许，并没有所谓的多任务工作，也没有人可以同时做好几件事
情，我们只不过是在好几个任务之间来回切换，转移我们的注意力
而已。

最近一篇发布在《国家科学院》（*National Academy of Science*）的文章《多任务媒体人的心智和大脑》，总结了过去 10 年关于多任务处理和认知、记忆以及注意力之间的联系。

这项研究表明，整天进行多任务处理的人记忆力更糟糕。不过，并不是每个研究都得出这个结果。约有一半的研究结果显示没有很大的差异，但是另一半的研究显示，在注意力和记忆力上，多任务处理者的表现很差。另外补充一句，在已经发表的研究结果中，没有一个数据显示多任务处理对记忆力有积极影响。

没有数据说明，我们的狩猎采集者祖先心不在焉的频率有多高（在人类早期的部落中，数据采集者并没有那么受欢迎），但是，在过去的 10 年里，智能手机已经成了大规模"分散注意力"的武器，我想这一点应该没有人会反对。2018 年，英国电信监管部门发布的一份调查报告显示，人们醒着的时候每 12 分钟就要看一眼手机。是的，在现在这个大规模"分心"的时代，我们什么也记不住，怎么也无法集中精力，这倒也情有可原。

大导演：海马体

我们大脑两侧分别有一个海马体，它们是脑边缘系统中跟我们的情感、行为以及长期记忆相关的区域。

耳朵上面，往里 5 厘米处就是海马体，由于形状像海马而得名。海马体在短期记忆转变为长期记忆以及提取记忆过程中起着至关重要的作用。你的长期记忆并不是存储在大脑的某一个地方，它们存储在大脑的好几个角落。只有海马体可以把这些地方的记忆收集起来，综合成一个记忆。让我们把它想象成一个导演，是它指导演员、修改剧本、设置灯光和声音，重建出当时的画面。

如果你需要一个画面记住这些的话，就想象一只海马坐在导演的位子上。这个导演会从大脑的各个地方得到信息。那些感觉器官收集到的触感、声音、画面、味道是怎么样的？整件事我感觉如何？这时，杏仁体开始发挥作用。每个人有两个杏仁体，它们因为形状像杏仁而得名，主要负责决策、反应以及情感记录。当时我有些害怕还是愤怒？杏仁体会让海马体知道，一些特定的刺激如何对你的情感产生影响，以及你当时是什么感觉。大脑各个部分严丝合缝地合作，重建出我们的记忆：全体安静！灯光，开机，好，开拍！Action！

另外，回忆过去的经历和想象将来的场景是由大脑同一个区域负责的。大脑扫描结果显示，回忆过去和想象未来会激活我们大脑的同一区域。我们的记忆塑造了我们的希望及梦想。

环境触发器：为什么穿过几道门，你的记忆就会受到影响？

我们都有过这种经历，在家，坐在电脑前面，然后突然想起来你要去看看厨房桌上放着的那封信。

起身来到厨房，你待在那儿，忘了自己来厨房要做什么。打开冰箱门。不对，你不是来拿冰箱里的东西的。然后你回到电脑跟前，突然想起来了。是的，你是要去拿那封信。

这是一种很常见的短期记忆障碍，这跟缺乏注意力没什么关系，可能只是因为你穿过了一道门。这种你来到一个房间但是忘了自己为什么来到这个房间的现象叫作"门槛效应"（doorway effect）。

2011 年，美国诺特丹大学[1]的一个心理学家团队发表了一篇名为《穿过几道门就会让你遗忘》的论文。（看来学术界并没有"剧透预警"这么一说。这些研究员本可以把他们的论文命名为《第六感：小男孩偶遇尸体，一男子惊觉自己已死》。）

其中一位研究员在接受 Live Science 网站采访时解释说："进入一个房间或者从一个房间走出是我们意识中的一个事件边界，我们的大脑会按照事件边界把不同的活动分别存储。"

换句话说，穿过一道门这个行为让我们的大脑以为一个新场景已经开始了，所以就没有必要再记着旧场景的信息了。

1　诺特丹大学，又称圣母大学，简称 Notre Dame，始建于 1842 年，是一所享誉世界的顶尖私立研究型大学，美国 25 所"新常春藤"名校之一。

研究中，拉德万斯基和他的同事要求参与者玩一个视频游戏，游戏里他们可以自由走动，拿起物体，然后把它们从一张桌子移动到另一张桌子。当他们移动物体时，这些物体在他们的虚拟背包中，因此参与者看不到它们。

有时候参与者要把物体移动到同一房间的另一张桌子上，有时是不同房间的桌子上。两种情况下移动的距离是相同的。在另一组研究中，参与者在实验室里不同的桌子之间移动鞋盒（物件放在鞋盒里，防止参与者看到）。每移动一次，研究人员会询问参与者他们的虚拟背包或鞋盒里是什么。

最后，两组研究的结论是穿过门会让人遗忘。

斯特林大学的心理学教授巴德利和戈登做过另一个实验，在实验中潜水员会被要求在两种不同环境下（在水下或者是在陆地上）记住一个单词列表。水下是指在水面 6 米之下。他们必须要记住 38 个互相没有联系的单词，4 秒一个，听两遍（通过一个通信设备传音至水下）。

24 小时后，参与者需要在不同环境中回忆他们所学的单词，要么是在水下，要么是在陆地上。戈登和巴德利发现，在水下记忆的单词在水下回忆的效果更好，在陆地上学到的单词在陆地上回忆的效果更好。当学习和回忆的环境一样的时候，回忆的单词量要多 50% 左右。

这只是个小实验，只有 18 个潜水员参加，而且这个实验是 1971 年做的。现在我们已经知道我们在特定的环境中记忆力更好。当记忆编码时的环境 —— 也就是记忆形成阶段的环境 —— 和解码时的环境一致的时候，我们可以更快地记起更多的事情。这也是为什么警察会把目击者带到犯罪现场让他们回忆当时的事发经过。这种现象被称为"编码特征原则"（encoding specificity principle），最先提出

这个名词的是恩德尔·托尔文（是的，又是他）。

托尔文的理论强调的是人们在回忆情节时触发条件的重要性。我们是靠某种联系记住事情的，遗忘的原因也很可能就是缺少可以触发我们记忆的条件。

这个触发条件可能是某个纪念物，或者他当时的精神状态。但是语言在其中也很重要。采访时用的语言和记忆发生时说的语言一致时，回忆的效果更好。在一项研究中，研究员用英语和俄语采访参与者。如果用俄语提问，参与者想起来的就是发生在说俄语环境下的事；如果用英语提问，采访者回忆起来的就是说英语环境下发生的事情。这些研究结果告诉我们，在我们试图记住幸福的记忆或者回想起它们的时候，选择正确的环境十分重要。所以，去那些你有着幸福记忆的地方故地重游吧。

幸福记忆小贴士
在应该花费注意力的地方多用点心

周末或者晚上完全摆脱电子产品，会让所有的事情更加难忘。

我们在幸福研究所做的幸福回忆研究中，有几个人谈到了停电或者断网时发生的事情。有一家人经历了一个断电的晚上，他们点起蜡烛，整个晚上讲他们最喜欢的家庭故事。

英国一位 30 岁的女士跟我们分享了她的幸福回忆：

> 那天银行放假，所以男朋友和我就趁着周末出去远足了。但是第二天下起了暴雨。我们两个穿着防水的衣服，顶着大雨走了 3 小时，浑身湿冷，我们回到订的民宿，在客厅玩起了拼字游戏。只有我们俩，客厅很温暖，干燥并且舒适。湿漉漉的远足让我感到很开心，当然我也很喜欢拼字游戏，之前在家我们没一起玩过，因为我们家没有，一般情况下，我男朋友也不想跟我玩什么桌游。但在那个暴雨的下午，我们别无选择，但感觉很棒。

没有手机，没有电，会让我们集中注意力。没有电话，没有电视，就没有那么多"小妖精"勾引我们，让我们分心，因此，我们也就更容易集中注意力做自己想做的事情。美国的人性科技中心（Center for Humane Technology）一直主张科技发展应符合人类的利益，致力于推动可以保护人类心智的科技的发展，推行可以帮助人类过上理想生活的设计。关于如何更有意识地使用你的电子设备，他们给出了以下建议。

1. 关闭所有通知

点我，点我，点我。那些红点在争夺你的注意力。去设置程序里把所有通知都关掉。

2. 启用灰度显示

啊，那些绚丽的色彩！在设置里，你可以启用灰度显示，让这些电子糖果看起来不那么诱人。

3. 尽量保证主屏幕只放一些应用

把主屏留给那些必备的应用，比如地图、相机和日历。把其他抢夺我们注意力的都从主屏幕挪开，放到文件夹里面。

4. 通过搜索功能启动其他应用

使用搜索功能打开应用，而不是任由那些应用在主屏幕向你"抛媚眼儿"。

5. 尽量发送语音，而不是打字

语音比打字更随意一些，没有那么大的压力，也是一种含有更多信息的沟通方式。你的声音声调中也有重要的信息。

现在，我们很多时候都可以把记忆外包给照片。这一点后面也会讲到。无论我们度假的时候拍照是多么方便，那都意味着你分心了。如果你看事物的时候没有用心，那你很可能并不会记住它。

远 离 数 码 毒 品

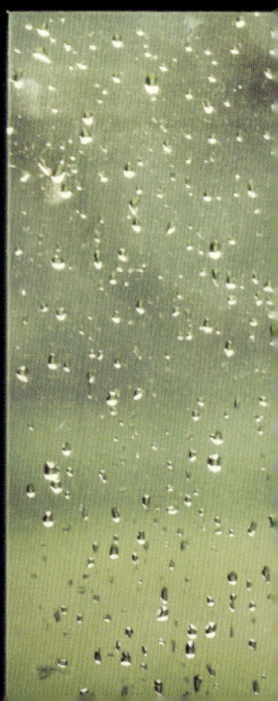

我和我注意力的斗争

"你们聊了些什么?"

温哥华,一个下雨的晚上,我坐在美国经济学教授乔治·阿克洛弗
(George Akerlof)的对面。我们当时聊的是,为什么我们会记住我
们所记得的东西——关于这个可以谈的东西太多了。乔治出生于
1940年。他记得他听到罗伯特·肯尼迪被枪杀的消息时,站在走廊
上呆住了;他记得在1969年反对越南战争示威期间,他在伯克利
被警察的催泪瓦斯袭击;他记得和他妻子的第一次见面。

他们第一次见面是在一个聚会上,他们没有对话;第二次见面,他
们被安排在同一张桌子,聊了一整晚。我很好奇,问他:"你们当
时都聊了什么?"我对他的回答很是期待的。乔治很聪明,得过诺
贝尔经济学奖可以证明这一点。

"我不记得了。当你第二次见到你喜欢的人时,你根本记不住聊了
什么。"乔治可能感觉到了我的失望。"如果我是一个小说家,我可
以告诉你。"他说,"要换成是卡尔·奥韦·克瑙斯格德(Karl Ove
Knausgård),他肯定会告诉你。"卡尔·奥韦·克瑙斯格德是挪威作
家,著有自传《我的奋斗》,6册,一共3600页。

"是的,我记得读过一段他描写自己如何洗土豆,整整3页。"
我说。

"你和我只能笼统记住一件事,但小说家'记得'事情的每一个细节。"

乔治好像说到点子上了。海明威曾经在书里写过,一本书好不好,
就在于它对细节的描写准不准确,能不能让人信服。

"你的房间在 3 楼，对吗?"我后来问乔治。当时，他和我住在同一家旅馆，我们一起乘电梯上楼。

"不是，我住 5 楼，你住 6 楼。"

如果你在记比分的话，现在比分是：诺贝尔奖获得者 1 分，我 0 分。

从那时起，每当我很开心、想记住那个时刻的时候，就会试图收集更多的细节。

那天，乔治吃的龙虾，我吃的鱼。我忘了是什么鱼，只记得那条鱼很好吃。

幸福记忆小贴士
要像对女朋友一样对待幸福回忆

注意!

18 世纪英国作家、编纂了著名的《英语大词典》的塞缪尔·约翰逊(Samuel Johnson)写过这么一句话:"记忆的艺术就是注意力的艺术。"

想象一下你和别人第一次约会,你并不仅仅是在看,你是在观察。你注意到她眼睛的颜色,她的笑声,甚至你开口说"你好"时闻到的对方身上的香水味道。你还会注意到这些事情,比如聊天时她什么时候忽然兴奋起来,手舞足蹈。你甚至还能注意到一些微小的细节,比如当你们谈论的话题变化时,她的嗓音也有些变化,食物特别好吃的时候,她坐在椅子上轻轻舞动了一下身体。

换句话说,在你们邻桌吃饭的可能是一对猩猩,但你的注意力全部在你的约会对象身上。这很不错。让猩猩们享受自己的浪漫时光,你们两个应该忙着记住自己的幸福时刻。所以,制造记忆的时候注意收集细节。还记得主席座上的"海马"吗?巧妇难为无米之炊。注意那些可以被放进幸福记忆场景里的元素。餐厅正在播放什么音乐?或者这样想,如果你要在小说里描写这个场景的话,你会写哪些东西?给海马导演喂点儿东西吧。

> "记忆的艺术就是注意力的艺术。"

第 四 章

赋予意义

关注才会记得。只有当我们看到的东西对我们有意义，只有当我们全心全意沉浸其中的时候，我们才会记得。

就像我们在上一章看到的，事情在你眼前发生，并不一定就会让你记住它们。如果那些事对我们无足轻重、毫无意义，那我们就不可能注意到它、处理它，将它编码并存之于心。

如果你不相信我的话，那请告诉我你右手手掌有多少条横纹。你肯定已经无数次看过自己的手掌了，但你并没有注意到上面有多少条横纹，所以你当然想不起来。这也并不是件坏事，因为右手手掌上的横纹并不是什么重要的信息。

自我介绍的时候你很少会说"你好，我叫桑德拉，我右手手掌有三条横纹"。如果你真这么说了，那对不起，我有个重要的电话要接一下，抱歉失陪了。

但是，如果手上这些纹路对我们有了意义，那我们可能就会注意到它们，记住它们。

那些大日子

我们很多人都习惯了自己的日常，起床，吃早饭，坐车去上班，然后工作，坐车回家，看电视，上床睡觉，如此周而复始。

我们很容易忘记这样的日子。人们记住的是那些特殊的日子：自己生命中的里程碑，我们感受到有意义的那个时刻，感受到自己和自己所爱的人、和这个世界、和自己的生命之间发生联结的那些时刻。在幸福回忆研究中，37％的幸福回忆是被人们赋予了意义的回忆，比如，我结婚的那一天、和丈夫在结婚纪念日一起在沙滩上散步、我儿子出生的那一天、和祖父在一个周六的早上去沙滩上散步、收到来自女儿的一封感谢信、收养了一个儿子、第一次出游、一个下雪的冬日下午在高速公路上开了200千米。我们的幸福回忆全都是我们对自己生命中那些"特殊"日子的回忆。

这其中最感人的一段回忆来自一位四十几岁的女士，她回想起的是十多年前在祖母的追悼会之后，和自己的侄女手牵着手走在沙滩上，当时是冬天，但天气很好。"那是我最心爱的侄女，她是这个世界上我最疼爱的人。我们两个人散步的时候，我感到了生命的可贵，心中充满了感激，祖母陪我走完了这一段旅程，而我们下一代的人，我和我的小侄女，还得继续在这个世界上走下去。"

同样，对世界上最富有的人来说，他们记得的也是这些有意义的日子，至少在丹麦是这样的情况。去年，我一个超棒的同事迈克·别克伊被邀请去给丹麦的高收入人群作演讲，他顺便在这些人当中做了个小小的调研。他们最幸福的日子也是和他人、和自己的亲人联系起来的日子 —— 那些对自己有着特殊意义的日子。

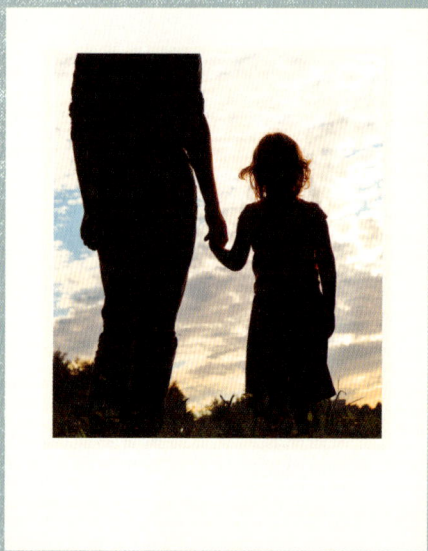

联　结

━━━━━━━━━━

毫无疑问，最让我们印象深刻的是我们和别人发生联结的
时刻。

这个时刻并不一定都在一些重要的日子，婚礼或者出生等。也可能
是我们在日常生活中形成的联结。这些琐碎的时刻在别人看起来可
能毫不起眼，但却让我们自己铭记终生，也正是这些琐碎的时刻成
了我们生命中的大事件。

"我女儿第一次抬起头跟我说'我好幸福啊'的时候。"

"那天早上，我丈夫爬上床，从后面抱住我，紧紧抱住。然后我们
的狗就跑过来舔我们。"

"在哥伦比亚的首都波哥大的大街上，我们四个朋友一起玩，玩累
了之后，我们四个人分了一罐可乐和几片面包。"

"我同事把我的工位装饰了一番，他知道我当时不好过，想让我振
作起来。"

这成千上万的时刻构成了我们共同的故事。它们像分子和原子一样
联结着我们和他人。当你读到或者听到别人的幸福回忆时，你会发
现，这些回忆总是和他人联系在一起的：祖父、祖母、父亲、母
亲、儿子、女儿、兄弟、姐妹、丈夫、妻子、侄子、侄女、叔叔、
婶婶、男朋友。

或者，就像阿甘说的一样："年轻人记事情的方式真是滑稽。我不
记得自己出生，不记得我第一个圣诞节得到的礼物，也不记得我第
一次户外野餐的时候是几岁，但我却记得，我第一次听到这个广阔

世界上最甜美声音的时候。"

我们深爱的人我们记得最深，我们也会想方设法地留存和他们在一起的回忆。

和他人在一起的幸福回忆会给我们安慰。这也是为什么我们觉得孤独的时候总喜欢怀旧。

前面我提到过，现在已经有越来越多的证据表明怀旧可以产生一些积极的感情，提升我们的自尊，让我们感到被爱，同时减少一些像是孤独或者无意义感这些负面情绪的产生。

南安普顿大学的研究者做了一项研究：他们要求参与者阅读一些故事，有悲伤的故事（比如 2004 年的大海啸），也有幸福的故事（比如一只北极熊的诞生），看看参与者会产生积极的还是消极的情绪。研究发现，比起积极的情绪，负面的情绪更容易让人怀旧。

另外，研究者还让参与者做了一个性格测试。不过在这个测试里，研究者做了一些小手脚，让参与者在回答问题的时候误以为自己很孤独。研究显示，那些因消极故事或性格测试而陷入消极情绪的参与者更容易怀旧，更容易回想起自己被所爱的人围绕着的幸福时刻。然后他们声称自己感觉不那么悲伤、孤独了，情绪控制的机制再次生效。

我们在幸福研究所做的研究中也能找到可以佐证这一点的例子。一位 20 多岁的女士跟我们讲了她的幸福回忆。事情发生在几年前，她跟一群自己高中时期的朋友一起，在一个冰湖上，拿着一瓶热巧克力，讲故事玩，然后还试图用跑鞋打开一瓶红酒。

听起来确实是一个很有趣的晚上。我们问她为什么会记得那个晚上，她告诉我们她喜欢回忆那种和很多人在一起的舒服感觉。在怀旧这件事上，她并不孤独。在我们的幸福回忆研究中，我们收到的故事有暖心的，也有令人心碎的，有收获爱的，也有失去爱的。

有时候一些幸福的回忆也会苦乐参半。1942 年的经典电影《卡萨布兰卡》中，亨弗莱·鲍嘉和英格丽·褒曼演绎的故事完美地呈现了一个苦乐参半的回忆。

第二次世界大战爆发的时候，伊尔莎和里克是巴黎的一对恋人。伊尔莎以为自己的丈夫、反抗军的关键人物拉斯罗已经被杀。纳粹入侵法国的时候，里克和伊尔莎计划一起乘火车逃离，里克想在火车上和伊尔莎结婚。但是伊尔莎没有上火车，因为她发现自己的丈夫拉斯罗还活着，所以她仓促之中离开了里克，没来得及跟他解释。他们的爱情也就结束了。之后，伊尔莎和拉斯罗出现在摩洛哥里克的酒吧里，里克和伊尔莎都想起了他们在巴黎的时光。

电影的最后一幕，里克已经接受了自己和伊尔莎再也不会见面的事实。世界上还有更重要的事情。里克对伊尔莎说："至少我们永远拥有巴黎。"他们永远无法拥有对方，但是他们将永远拥有巴黎的回忆。那段爱情很伟大，但它已经结束了。这就是怀旧。虽然可能苦乐参半，但我们拥有它，没有人能把我们的回忆夺去。

所以，虽然幸福回忆可能有苦有甜，但它证明了我们作为人的价值，我们和别人之间有着深深的联结，我们的生命是有意义的。

不过，谈到幸福的回忆，这种重要的联结不仅仅包括和其他人的联结。和大自然的联结、和自己身体的联结、和这个世界的联结，也都是我们观察别人幸福回忆时的基准。

也许是在芬兰的一个湖里裸泳，在苏格兰的雪地里撒欢，在开普敦的桌山（Table Mountain）[1] 徒步；也许是看看日出看看日落，看看阿尔卑斯的雪慢慢飘落；也许是徒步、冲浪，光脚在草地上跑；也许

---

1 桌山是开普敦的地标，其山顶如桌般平坦，好像是用刀削平的一样。

是坐在碎石沙滩上，或者是坐在干城章嘉峰（Kanchenjunga）顶看着下面的世界；也许是在纽芬兰岛和儿子一起骑雪地摩托，或者和朋友一起站在彭布罗克郡[1]安静的沙滩上；也许是骑马、遛狗，或者在北冰洋看到一头蓝鲸。总之，幸福的回忆让我们的生活充满奇迹，充满意义。

---

1 彭布罗克郡，英国威尔士西南部的一个郡。

一位快 30 岁的丹麦女士回忆起的是她 12 岁时候的事情。那是一个夏天的午后，她躺在高高的草丛中。

> 我们一家人去参加我妹妹学校组织的郊游。活动结束的时间有点早，大家都离开了。我妹妹躺在我旁边，我们躺在那里看着清澈碧蓝的天空，聊着天，最纯净、幸福的感觉。傍晚的阳光还很温热，躺在草坪上，我感觉自己和大自然无比亲近，感受到自己和妹妹之间的联结，对比刚刚结束的活动（很多人，说了很多话，做了很多事），这一刻的宁静格外珍贵。其他人都走了，就我和妹妹亲密无间地躺在那里。

里程碑

我们的幸福回忆里总是会出现我们所爱的人，当我们和他人以及世界联系起来的时候，我们才会感觉到生命的意义。另外，在我们完成一个重要的目标，达到一个重要的里程碑，或者当我们感觉自己发挥出了所有潜力的时候，我们也会有这种体验。幸福的回忆就是我们成为自己梦想中的自己的那些时刻。

"成功通过一门特别难的考试。"

"2016年10月完成第一次马拉松。"

"我终于考上了大学。"

"上周在网球场上打出一记完美的正手击球。"

看别人写下的这些回忆，你能感受到他们的骄傲，听到他们胜利时的呐喊，了解到他们内心的梦想和希望。他们攀登过的山峰，跑过的马拉松，打开的大学录取通知书，做成的销售大单，这些都是让人难忘的时刻，对他们来说是意义重大的时刻。

一位年轻的伊拉克男子想起11岁时用零花钱给自己买了一个玩具；一位女士想起38岁的时候，终于获得了大学学位；一位男士自己创业开公司，小心翼翼竞标一个大项目，结果成功夺标；一位年轻人记得自己从男孩转变为男人时接受的睾酮治疗；一位奶奶终于完成了毕生的梦想，拥有了一辆摩托车。

这些重要的时刻，就是构成我们人生的片段。我们会记得那些决定我们人生的时刻，那些决定我们是谁的时刻，那些我们终于成为自己想成为的那个人的时刻。

作为一位幸福研究员，我注意到，只要以下三个观点一致我们就会感到幸福：我们觉得自己是什么样的人，我们想成为什么样的人，别人觉得我们是什么样的人。

当我们所爱的人看到我们、了解我们之后，还是深爱着我们，当我们成为自己可以成为的那个人的时刻，就是我们的幸福时刻。

什么是生命的意义？

———————————

你如何衡量幸福？美好生活是什么样的？你要是跟人说你的工作是研究幸福，他们就会问你很多问题。

幸福研究通常探究的是生命的意义，或者是使命感、目的感。事实上，意义是美好生活不可或缺的一部分。也正因如此，英国国家统计局的年度幸福调查中的四个问题之一就是："总的来说，你觉得自己在生活中做的事情有多少是有意义的?"其他三个问题涵盖了人们对生活的总体满意度，以及前一天的幸福感和焦虑程度。

这四个问题之间互相联系。对生命抱有极大的使命感，和你对生活的满意度以及幸福感息息相关。

有一些其他的调查对使命感进行了更深入的研究，调查会问到你是否觉得自己的社交关系有价值，是否愿意积极参与到自己的日常活动中，是否觉得自己有能力完成对自己来说很重要的事情。

对我来说，美好的生活，充盈、富足的生活，就是有意义且充满快乐的生活 —— 既对目前的生活满意，对将来的生活有希冀，又与自己的过去和解。幸福这道菜不止一个料。

汉娜和她的姐妹们：记忆是如何运作的

记忆就是我们编码、存储以及读取信息的能力。

记忆涉及的过程包括编码（这是汉娜，我的姐姐），存储并巩固回忆（汉娜是鲍勃的姐姐），以及读取信息（你好，汉娜，很高兴又见到你）。

我们是通过各种感觉器官体验这个世界的。你第一次见到一个人，你可能会记住他眼睛的颜色，他的嗓音，他身上香水的味道，以及他握手的力度。这是我们记忆的第一步：编码。

所有这些感官信息被综合成一个体验，然后大脑会分析这些信息，决定要不要把它们存储为长期记忆。这个过程会受到不同因素的影响。例如，我们之前说过的，如果你特别在意的话你就更可能记住。而且，我们在下一章还会提到，情感会让我们的感觉更加强烈，也会促使我们在这件事上分配更多的注意力。

记忆一开始只是短期存储，也就是我们所说的短期记忆，也被称为工作记忆。它是有限和临时的记忆存储系统，我们可以把它想象成电脑的内存。它让我们的注意力集中在我们感觉器官收到的信息上，暂时存储它们。这些信息让我们能够在这个时间内处理好当前的事情，并对其做出恰当的反应。"你好，汉娜"，眼神接触，微笑，用力握手 —— 干得漂亮，大脑。

我们人类平均每次只能记住 7 ± 2 个信息块 20 到 30 秒。这就是为什么你能记住你的电话号码，却记不住信用卡卡号。1956 年，哈佛大学的心理学家乔治·米勒在他的论文《神奇数字 7 ± 2》中首次提出这个观点，因此这个定律也被称为米勒定律。

"噢，我来给你介绍一下汉娜的 6 个姐妹。"

"好的。"

"还有她们的丈夫。"

"%& € ### ！"

为了长时间记住我们想要记住的信息，我们可以利用不同的记忆策略——比如重复计数，这个方法会不断把短期记忆的时钟归零；或者把数字分成几组，比如把 18006169335 分成 1-800-616-9335。

根据米勒的研究，短期记忆限制的是有意义的信息块的数量。因此，你很可能记不住这 22 个字母 CIANHSNASABBCFBISOKMTV，但是如果是汉娜和她的姐妹分别在 CIA、NHS、NASA、BBC、FBI、SOK 和 MTV 工作，你可能会更容易记住。不过对这些信息块的记忆能力也会因每个人的知识背景不同而不同。比如，SOK 这个词，我肯定比你记得清楚，因为 SOK 指的是丹麦海军行动队（Søværnets Operative Kommando）。

编码描述的是你经历这个事情时的过程，巩固通常描述的是事件发生之后的过程，也就是说在你第一次获得记忆后，仍能保持该记忆。

信息越重要，你就越可能把它转移到你的长期记忆中。那个人是再也不会见面的陌生人，还是说将成为你一生的至爱？（"顺便说一句，这是汉娜的同事。我一直想介绍你们两个人认识。你们俩的共同之处太多了。"）

重要的信息更可能被转移到我们的长期记忆中，比如：和我们将来的配偶第一次见面，我们家庭的第三名成员降临，等等。我们的幸

福回忆研究中有无数这样的事情。

如果我们之前曾经编码、存储过一个信息或者一次经历的话，我们就有机会回忆或者读取它。只有你能记起来的回忆才是你的回忆。这其实有点像圣诞老人：如果没人想起圣诞老人的话，那圣诞老人就不存在了。

你越频繁地想起一段经历的话，那它就越可能被你记住。而且我们通常都会倾向于去回想那些重要的、对我们来说意义重大的经历。本质上来说，我们的回忆就是我们大脑里面神经介质之间的连接。为了保证这些连接完好无损，我们必须经常激活它们。因此，读取回忆就是你可以增强回忆的最好方式。从这个方面来说，回忆更像是肌肉。

"等等，你刚刚不是说回忆像圣诞老人吗？"你可能会问，"所以，它到底是什么？圣诞老人还是肌肉？"好吧，它像个肌肉发达的圣诞老人怎么样？我的意思是，他一年只工作一天。小精灵们一年到头在玩具工厂闷头工作，而圣诞老人只会一周参加一次进度会议。你觉得他在那么多的空闲时间里会做些什么？肯定全部用来健身了。其实，圣诞老人肌肉发达，这个人尽皆知，《魔力麦克》[1]的导演还邀请他饰演舞男的角色呢。不过圣诞老人有合约在身。不管怎么说，圣诞老人肌肉很发达，你的回忆银行里应该有那个画面了。

---

1 《魔力麦克》，2012 年出品的一部喜剧片，讲述的是"魔力麦克"训练另一名年轻舞者（以塔图姆为原型）入行的故事。

幸福记忆小贴士
设定更多的里程碑，并为之庆祝

拿出笔记本，然后拿出你的酒。

除了《夺宝奇兵3》，我最喜欢的电影是《蒂凡尼的早餐》。没听说过？它是根据杜鲁门·卡波特的中篇小说改编的，讲的是拜金女霍莉（奥黛丽·赫本饰）和靠富婆供养的落魄作家保罗（乔治·佩帕德饰）之间的爱情故事。

一天早上，保罗跟霍莉说他写的一个故事出版了。霍莉想庆祝一下，就让保罗在早餐之前开一瓶香槟。保罗从来没有在早餐之前开过香槟，所以霍莉提议他们那一天就专门做他们从来没有做过的事情。（干得漂亮，霍莉——像从第一章"'第一次'的魔力"中走出来一样。）那一天，保罗和霍莉去了霍莉从来没去过的纽约公共图书馆总馆，然后在里面找到保罗的书《九条命》，保罗在上面签了自己的名字。

这部电影是部经典，很动人，有奥黛丽·赫本，而且从始至终还有亨利·曼西尼的音乐衬着，其中就包括著名的《月亮河》。没有什么理由不喜欢它。

自从第一次看了这部电影，我就一直想做保罗做过的那件事，去纽约公共图书馆给自己的书签名。这一直是我的长期目标。所以去年，我在第五大道第42街找到了我的书，然后签了名。现在我一看到这部电影，就回想起在纽约的那一天，那是我生命中意义重大的一个里程碑。

所以，计划一下你想庆祝的里程碑。这个里程碑可大可小，可以是连续一个月每天都走了一万步，也可以是把厨房重新装修一遍，还可以是找到一份新的工作。一定要写下来你打算怎么庆祝，出去吃顿好的，还是允许自己整个周末待在家里看最喜欢的电影。

去年，我送给我们幸福研究所的所有员工每人两瓶气泡酒，让他们写下自己的里程碑，达成之后喝酒庆祝。截至目前，我们已经庆祝了两次婚礼，庆祝了报告完成，庆祝了我们在社交媒体上的粉丝数超过了我们的竞争对手。

第 五 章

试试情绪高亮笔

2017 年 9 月 6 日，伦敦，我坐在伦敦电视台《晨间直播秀》的休息室，等着和主持人聊聊我的新书。

我很紧张。这个节目的观众人数几乎和我们丹麦的总人口数相当，而且是直播。我的经纪人朱丽叶在那里帮我一起准备。她是个很优秀的经纪人，我忘了当时她具体说了什么，但是我记得她字里行间几乎是在乞求我："别把事情搞砸，迈克。"

跟你剧透一下：我搞砸了。

采访一开始还不错，不过到快结束的时候，其中一个主持人菲尔问了我一个问题："你之前写过一本书叫 The Little Book of Hygge，最近这本书叫 The Little Book of Lykke，那么你接下来打算写些什么啊？"

我觉得他丹麦语的 hygge 和 lykke 发音特别好，所以我想夸夸他。与此同时，我也知道有很多英国人会看丹麦的电视剧，比如《权力的堡垒》（Borgen）、《桥》（The Bridge）、《谋杀》（The Killing）等，而且英国人都是看原声的，所以他们把丹麦语念得那么准也不足为奇。

"你肯定没少看丹麦的 Borgen 吧。"我说。他好像听到了一个完全不同的词，然后脸一红开始大笑起来，其他几个主持人也哄堂大

笑。我完全不知道他们为什么笑。另一个主持人霍里问菲尔："他说什么？"菲儿说："我也不知道，我也不敢问。"

然后访谈就结束了。

那天晚些时候，我读了一篇报道，标题是《丹麦嘉宾耿直提问，主持人无言以对》。然后我才想起来，英国人把 Borgen 念成 Bor-gen（伯根），有两个音节，但是在丹麦语里面，它不是这么读的。所以当时菲尔听到的是"你肯定没少看丹麦 porn（色情片）吧"。想到当时主持人以为我问他看没看过色情片，我简直想找个地方藏起来。后来我总是会想起这件事。每次我要参加直播访谈的时候，都会在心里想，再怎么糟糕都不会比在直播里谈毛片糟糕了。我们每个人都有这种面红耳赤的经历 —— 那种即使过去多年我们也无法释怀的尴尬经历。它们总会在我们毫无准备的时候突然出现。

这些经历如此难缠，是因为我们的情绪就像是可以把回忆标出高亮效果的荧光笔。比如我那次电视访谈的糗事，里面的情绪就是尴尬。像恐惧或者尴尬这一类的情绪反应是由我们大脑中的杏仁体控制的（它同时也是控制我们战斗或逃跑反应的大脑区域），杏仁体会让我们记住与我们体验到的情绪相关的各种情况。因此，每当上直播电视访谈的时候，闪光灯下的我都会清清楚楚地记住不要谈与丹麦电视剧相关的话题。

情绪反应会让你对自己的经历印象更加深刻，因此学会使用情绪高亮笔，也是一种制造回忆的艺术。

我们在幸福研究所做的幸福回忆研究中，有 56% 的记忆都可以被归类为情绪记忆：孩子出生、人们结婚、初次接吻等。

一位美国的年轻女士写道："我最幸福的回忆是我和我丈夫结婚的那一天。我刚刚毕业，我们决定追随我们的梦想，搬家到西部。当时我们都没什么钱，我们各自的家人也没出什么钱帮我们办婚礼，所

以仪式很简单。所有的东西一共只花了 300 美元左右。婚礼举办的地方是我们两个人第一次约会的地方 ——一个艺术博物馆后面的花园。我们各自写下自己的誓言，仪式过程中，白色的花朵从树上掉下来，落在我们身边。那是我们两个人最完美的一天。简单之中有一种美感，因为我们把自己的注意力放在了最重要的地方（嫁给对方！），而不是和别人攀比，把婚礼弄得富丽堂皇。"

我们永远记得自己的初吻也是这个原因。你很可能到现在还清晰地记得自己初吻时的情形。发生在哪里，之前几分钟或者几小时你们在做什么，你当时有没有闭眼，有预感会接吻还是完全出乎你的意料。我们情绪激动的那些日子就是我们最幸福的那些日子，当然也有可能是我们最不开心的那些日子。我们每个人都有悲伤痛苦的回忆，有一些我们会深埋在心中，有一些我们会和他人分享。

推特数据中的快乐日子

那么，在人们幸福或者不幸福的日子里会发生什么呢？我们可以用快乐测量仪来回答这个问题。

快乐测量仪的理论基于佛蒙特大学的数学教授彼得·道兹和克里斯·丹佛斯及他们数字故事实验室团队的研究。

测量仪基于人们在网上的表述，以推特（Twitter）为信息来源。大约有一万个单词被打上了 1 到 9 分的幸福值：1 分代表非常悲伤，9 分代表特别幸福。例如，"爱"的幸福值是 8.42，"哭"的幸福值是 2.2，"失望"是 2.26，"蝴蝶"是 7.92，"回忆"是 7.08。

快乐测量仪每天会读取 5000 万条推特，然后根据它们的语言给那一天打分。从某种意义上来说，这个就像是全世界的情绪温度（或者至少是全世界推特用户的情绪温度）。该项目从 2009 年开始收集数据。

低分的日子一般是有恐怖袭击或者名人去世，而高分的日子集中在圣诞节、感恩节和母亲节。一些日子快乐，一些日子悲伤，但共同的一点是，我们总会更容易记住那些充满情绪的日子，也就是整个"光谱"的两端。

这里是一些抽样的数据：

2017 年 12 月 25 日，周一
圣诞节
平均幸福值：6.25

2014 年 5 月 11 日，周日
母亲节
平均幸福值：6.14

2011 年 4 月 29 日，周五
威廉王子和凯特王妃婚礼
平均幸福值：6.08

2014 年 6 月 15 日，周日
父亲节
平均幸福值：6.07

2010 年 5 月 24 日，周一
电视剧《迷失》最后一集在前一晚播出
平均幸福值：6.03

2014 年 8 月 12 日，周二
喜剧演员罗宾·威廉姆斯逝世
平均幸福值：6

2016 年 11 月 9 日，周三
特朗普当选为第 45 任美国总统
平均幸福值：5.87

我觉得这个工具很有趣，但是如果要更深层地去研究个人的幸福经历，这个工具可能会有些缺陷。有些东西是可以证实的，比如周一的分数肯定要比周五的分数低一些。但是"肉汤（6.32）"真的就比"三明治（7.06）"的分数低吗？个人觉得这个很有争议。但是，不管怎么说，快乐测量仪还是清晰呈现了哪些日子更让人印象深刻。

闪光的回忆

你很可能还记得"9·11"事件的时候你在哪里，或者其他大事件发生时候的情形，比如戴安娜王妃去世，人类第一次登月，或者柏林墙倒下，等等。

如果你经历过这些事情的话，它们就像回忆中的闪光灯一样。闪光灯回忆就像是一张快照，它记录的是一个重要事件发生时你的样子。这个说法是 1977 年哈佛大学的心理学家罗杰·布朗（Roger Brown）和詹姆斯·库利克（James Kulik）首次提出的。他们认为，当一些重大事件发生时，我们会把所有细节记下来，好让我们晚些时候可以回想、分析，以避免将来再次发生相同的事（如果是危险的事情）。

我们通常所说的闪光灯回忆都是国家大事或者国际性的大事件，但是一项针对美国大学生的研究显示，只有 3% 的闪光灯回忆是国家大事或国际性的大事件，绝大多数的闪光灯回忆其实都是个人经历，比如初吻、考试、断腿等。

和幸福的事情一样，危险的或者让人受到创伤的事件也会被存储为闪光灯回忆。丹麦奥胡斯大学的心理学教授多特·本特森（Dorthe Berntsen）和多特·汤姆森（Dorthe K. Thomsen）做了一项研究，探究有关第二次世界大战时期跟丹麦有关的闪光灯回忆。他们研究了两个回忆：一个悲伤的，1940 年 4 月纳粹占领丹麦；一个幸福的，1945 年 5 月 4 日丹麦解放。145 名年龄在 72 岁到 89 岁的丹麦人接受了采访，研究者把他们的回答客观地记录了下来，比如占领发生时的天气或者占领发生在周几。丹麦解放的消息是晚上 8 点半在伦敦电台广播的。

一位女士回忆道：

> 那时候我去蒂沃利和几个老同学见面。我们都知道纳粹可能马上就要投降了，所以我们都想着回家去听英国电台的消息。但是我们刚走到蒙那斯沃，就看到一个男人从一家叫作 Bastholm 的饭馆出来，手舞足蹈，大声喊着："孩子们，丹麦解放了！"这一幕我记忆犹新，就像是昨天刚刚发生过的一样。

还有一项调查研究的是英国人和非英国人对撒切尔夫人辞职事件的闪光灯回忆。这位英国首相下台一年之后，被访者中的英国人对这件事的回忆仍旧很深刻，而非英国人已经慢慢淡忘了这件事，也很容易就开始自己胡编乱造事情的经过。在针对有关戴安娜王妃之死的另一个研究中也发现了相同的现象，大不列颠的人们对事件的记忆比起其他国家的人来说要更准确。除此之外，刺杀里根总统事件和教皇保罗二世即位发生的时间相距不过几个月，但如果问到这两件事发生的先后顺序，美国人认为刺杀里根总统事件发生的时间更近，而天主教徒却认为教皇即位发生的时间更近。

上面的研究涉及的是一些悲伤的事情，但同样的机制对幸福的事件也一样起作用。你可能会觉得朋友的婚礼比自己的婚礼发生得早。这都是因为我们闪光灯回忆中所保留的细节让我们认为，发生在自己身上的事情刚过去，但其实距离它们发生已经过去很久了。

那么，我们从中可以得到哪些关于制造幸福回忆的启示呢？其中一点是：万一哪天纳粹入侵丹麦了，我们应该参加抵抗运动。嗯，这一点可以算，但还有一点是：在制造回忆的时候，一定要利用情绪高亮笔。当我们经历一些让我们情绪激动的事件（无论好坏）时，不要忘了和自己所爱的人交流，告诉他们我们爱他们。我们都喜欢记住这样的事情，知道做这样的事情会让我们很开心。我们还应该考虑做一些让我们感到害怕或者热血澎湃的事情，它们会激活我们的杏仁体，激发出我们的情绪，而这些情绪会让这些经历更加难忘。

幸福记忆小贴士
做一些自己不敢做的事情

跨出自己的舒适区是制造回忆的第一步。

两个人相拥着，静静地在房间里跳着舞，她的眼睛闭着。她把双手放在他的肩上，脸上有种淡淡的微笑。20 多对人绕着中间一个空地跳着舞，每位女士脸上的笑容似乎都是一样的。中间的空地应该有正在演奏的乐队，但是并没有。和鞋子在地板上划过的声音一起传来的，是卡洛斯·嘉德尔（Carlos Gardel）的《一步之遥》[1]。

我在丹麦的乡下长大。那里的男人会打猎、捕鱼。跳舞？他们很少跳舞。我跳舞很难看。要知道，我曾经真的以为兰花指和"天包地"（上牙突出超过下牙）是舞蹈中的一个动作。尽管如此，我大学时候的一个女同学还是说服我和她一起报了一个探戈舞课程。

探戈里面没有固定的舞步。所有步伐都是你在跳的过程中即兴跳出来的。简而言之，探戈就是两个人静静地抱在一起，瞎走一通。但你怎样才能在不说话、很紧张，而且还要保持身体平衡的情况下跟对方交流呢？你需要停止思考，运用你的感觉器官。

第一节课上，舞蹈老师把一个小手鼓夹在我和我的舞伴胸膛之间。她的嘴离我的耳朵很近，我甚至能感觉到她的呼吸。这个练习是为了教会我们用胸膛来交流我们要行进的方向，而不是用胳膊。

"用力一点，不然手鼓就掉了。"舞蹈老师对着我耳朵说，"再用力一点，好的，就这样，不要松，不要停。"这就是我的第一节探戈课。这也是我四年探戈课到现在仅存的东西。现在想象一下你可以做些什么走出你的舒适区，好为你的未来制造一些回忆。

---

1 《一步之遥》，著名阿根廷探戈舞曲，阿尔·帕西诺主演的电影《闻香识女人》中那段探戈就是这段舞曲。

曾经的老熟人

温蒂·米歇尔（Wendy Mitchell）是英国约克郡人。她在 NHS
（英国国家医疗服务体系）做了 10 年的团队负责人。她很爱
运动，比如跑步、徒步、爬山。一个人拉扯两个女儿萨拉和
杰玛长大。

2012 年的一个早上，温蒂去约克郡的乌斯河边跑步。她摔了一跤，
伤得很重，流了很多血。她自己去了医院急诊室。事后她回到河边
摔倒的地方，想找到绊倒自己的那块石头或者小坑。根据血迹，她
找到了自己摔倒的地方，但是并没有什么明显的罪魁祸首。

后来一次跑步，她又摔倒了，然后连着又是一次。她有些不安了。
她感到脑袋有些迷糊，反应不像之前那么迅速了。她觉得自己应该
是出了什么问题。2014 年 7 月 31 日，距离她第一次摔倒后的两年，
她被诊断为阿尔茨海默病早期。

现在的她觉得写作比说话更容易一些。在代笔的帮助之下，她写了
一本书叫《曾经的老熟人》。书里讲了一个动人心弦、感人肺腑的
故事，让我们了解：如果失去回忆，我们会失去什么。它向我们展
示了得阿尔茨海默病之后生活中将会面临的挑战：为什么从你最喜
欢的咖啡馆到家的路变得那么难走，为什么在厨房找到你收起来的
茶叶会成为一个难题。

但同时这也是一个鼓舞人心的故事，它让我们看到温蒂如何重新掌
控生活，如何与疾病作斗争。

她在自己座椅的扶手上放了好多便利贴，设闹钟提醒自己吃药，在

柜子上画画提醒自己茶叶的位置。她买了一辆粉色的自行车，不是因为她喜欢粉色，而是因为很容易一眼找到。现在她已经看不了小说了，所以她爱上了诗歌和小故事。

不过最难的还是阿尔茨海默病把她珍爱的回忆偷走了。每睡一觉，"小偷"就会把她最珍贵的东西偷走一些。温蒂努力地和这个小偷作斗争。她盯着一张 1987 年拍的照片，照片里是一片沙滩，蓝蓝的天空，她的两个女儿，一个 3 岁，一个 6 岁，盯着镜头。她努力地记着所有的细节，一想到有一天她会认不出照片上她女儿的笑脸，她就心如刀绞。

她腾出一个房间作为她的"回忆室"，房间的墙上一排排贴满了照片。她给照片打满了标签，比如地点、人物、为什么拍照，等等。有一排全是她女儿的照片，有一排是温蒂之前住过的地方，还有一排是她最喜欢的景色，例如湖区和布莱克浦的海滩。

"我坐在床边，看着墙上的照片，感受到一种宁静和幸福。虽然大脑内的回忆慢慢褪去，但它们还会保留在墙上 —— 不会再变化，像是一个提醒，让我回想起那些幸福的时光。"她在书里写道。

温蒂把我们不同的回忆系统比喻为书架。一层放的是事件，一层放的是情绪。放事件的那一层很高，但不稳，时间越近的回忆放得越靠上；而放情感的那一层虽然矮一些，但很结实、稳当。

"我们永远不会丢掉自己的情感，因为它位于我们大脑的另一个区域。"温蒂在《卫报》读书播客的访谈中说道，"我们每天都会遗忘事件的细节，比如，明天我肯定想不起来我们现在谈了些什么，但我会记住我来这里的感受。我们要记住，'情感书架'很重要，因为虽然人们会忘记所爱的人，但他们内心一定还记得那种情感的寄托和牵挂。"

或者，用美国诗人、歌手、民权运动家玛雅·安吉罗（Maya Angelou）的话来说："人们会忘记你说了什么，做了什么，但他们永远不会忘记你给他们的感受。"

现在，温蒂是阿尔茨海默学会（Alzheimer's Society）的形象大使，致力于帮助和阿尔茨海默病有关的医疗专家、护工以及患者，努力纠正人们对这种疾病的偏见。你可以订阅她的博客：*Which me am I today*（《今天的我是哪个我》）[1]。

---

1 网址：whichmeamitoday.wordpress.com。

幸福记忆小贴士
10 年的时间考验

如果要选择做些什么，想想自己 10 年之后还会记得什么。

在过去的 20 年里，我和我的朋友米盖尔以及他的父亲阿恩经常一起开船出游。我们开船环绕丹麦的各个岛屿，去过瑞典的各个峡湾，也去爱尔兰喝过几杯咖啡。这些年来我们一直开船旅行，但我们日渐发现每次的经历都大同小异，没有什么特别。

因此今年我们决定做一些不一样的事情。我们在亚得里亚海租了一条帆船，然后开着它去了特罗吉尔、米尔纳和赫瓦尔等小镇。这些小镇的街道都很窄，石头建造的塔楼和堡垒在夕阳的照耀下会反射阳光，有些小镇完全可以作为《权力的游戏》里面君临城的片场。今年，阿恩的女婿迪耐也加入了我们。他的特殊海盗技巧是知道船员在什么时候需要喝两口阿贝罗酒。

一天下午，快到赫瓦尔的时候，我们下了锚，准备去吃个午饭，游个泳。一群蓝色的小鱼聚集在我们的船尾。海水清澈见底，下锚的时候，你甚至能看到锚触到海底。

如果你在地图上看，就会发现这个海湾跟里约热内卢耶稣像的形状很像，因此，自然而然地，我们把这个海湾称为"耶稣湾"。

第二天，参观过赫瓦尔城堡之后，米盖尔和迪耐提议我们租一辆水上摩托艇，这样我们下午就可以回到耶稣湾游泳了。我对水上摩托艇从来都不感兴趣，我向来不喜欢高速运转的机械。我更像是玩填字游戏、看长篇小说的莽夫。而且，讲真的，我之前已经计划在船上看一下午书了。

但是，当我扪心自问："10 年后你到底还会记得今天做的什么事情？"很明显，摩托艇是更突出的那个选项。1 小时之后，我们开着摩托艇朝耶稣湾进发。我们在每一个浪头颠簸，绕过了好几个无人居住的小岛，在海面上飞驰，那是一个难忘的下午。米盖尔跟我说："每次我走到你边上，都能看到你脸上大大的笑容。"的确，那是我很久以来最开心的一次经历。

那天晚上，我们喝着朗姆酒，听着斯汀和滚石乐队的歌，戏谑地讨论着下午让我们翻车掉到海里的罪魁祸首是谁。

是米盖尔。

所以，每隔一段时间，当你计划要做些什么的时候，确保你的选项经过了"10 年时间"的考验。想想 10 年之后你到底会记得什么。

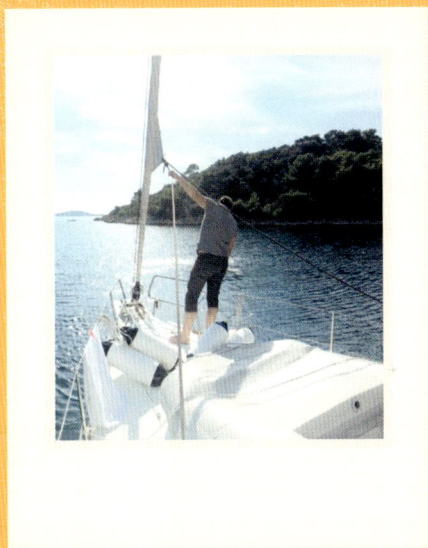

试试学校里面的情绪高亮笔

现在有很多学校开始运用情绪高亮笔的方法，试图通过情节记忆促进学生们的语义记忆。

"一个小姑娘就要参加历史考试了，她之前在学校的成绩一直不怎么样，是需要特殊照顾的那种学生。"奥斯特科夫继续教育学校（这是所有 90 个学生的丹麦寄宿学校）的校长麦兹说："我想，当这个女孩被要求解释罗马共和国元老院的机制时，她的老师是有点紧张的，但没想到，她竟然清楚地概述了古罗马政府的内部运作机制以及它与罗马共和国其他方面的关系，得到了一个相当于美国学分制度中 A– 的成绩。"

小姑娘离开考场的时候，考官问她："你怎么对这个问题知道得这么清楚？"

"这个问题不难。"小姑娘说，"我当时就在罗马。"

Efterskole 是丹麦语，它指的是专门针对 14 到 18 岁孩子的独立寄宿学校。学生可以选择在这种学校度过一年、两年或者三年的时

间，完成初中教育。有些人完成初中教育之后，会在这里继续学习一年，当作进入高中之前的一个预备。

奥斯特科夫继续教育学校的特殊之处在于它运用的 LARP 教学方法。LARP 是 Live Action Role Playing（真人角色扮演）的首字母缩写，可以看作是桌游《龙与地下城》和内战重演活动[1]的结合。

学校里每周会有一个新主题，所有的学生都会分到一个角色和一个任务。他们有可能扮演非政府组织的代表去参加一个气候大会，试图说服全球各地的政策制定者；也有可能扮演华尔街上的金融从业者、古罗马元老院的成员或布鲁塞尔的外交部长，为欧盟的未来出谋划策。

在罗马共和国主题的那一周，学生们要扮演古罗马各个贵族团体的成员。他们的目的是加强自己的势力，让自己青史留名。数学课上，学生们要运用三角学（Trigonometry）建立高架渠，把罗马城和位于高地的蓄水池连起来，解决罗马的供水问题。

物理课上，学生们要学习各种金属知识，了解它们的质量和来源，弄明白为什么某些金属打造出来的长剑和盾牌更好。德语课上，学生们需要从一位说德语的奴隶商人那里买能干的工人。那一周的最后一天，他们的德语老师扮演成一个哥特人，代表他的部落宣布领地归属权，而学生们不得不用德语和他进行和谈。

丹麦奥尔堡大学哲学系教授丽萨·基德（Lisa Gjedde）的研究表明，使用 LARP 方法可以增强学生的学习动力和加深长期记忆。通过这种方法，学生的成绩不但保持稳定，还会在一定程度上得到提高。

1　内战重演活动，盛行于美国，活动中参与者会重现美国内战时的战争场景、当时人们的生活和其他事件。

幸福记忆小贴士
糗事播报

和别人分享尴尬的回忆会让这段回忆不再尴尬。

我到现在还清楚地记得我第一天在丹麦外交部上班的情景。丹麦外交部的大楼位于哥本哈根市中心的河边，周围都是丹麦标志性的经典建筑。我记得我走过三楼铺着地毯的走廊，来到我的办公室。那是我第一次见到苏涅，我的新同事。

我们聊了几分钟，我清楚地记得他当时说的话："不好意思，我觉得你好像踩到了什么东西。"

是的，我踩到了一坨狗屎，一大坨。那坨狗屎看起来都要把我整双鞋罩住了。而且我走了一路，蹭了一路，新办公室的地毯上、走廊的地毯上都是狗屎的印记，整整100多米，太羞耻了。

如果你随便翻翻这本书看到了这里，突然想起自己多年以前的糗事，别太担心，你不是一个人这样。糗事总会让人难以释怀。但是如果你把它当成笑话就不一样了。它就成了你的故事，你独家的笑话。而且，这些年来，我有一个发现，如果我习惯了这些糗事，对这些尴尬的时刻付之一笑，它们就会变得不再尴尬。

我在外交部第一天上班的这个故事，被我写在了幸福研究所员工手册的第一页。我想让新员工知道一点：无论他们在工作的第一周犯下了什么错误，都比不上我这个。

另外，我有些时候作演讲，会用那个"丹麦毛片"的故事开头，好让人们知道英语不是我的母语，所以如果哪些地方我讲得不清楚，他们可以随意举手提问。你也应该试试，把你的一些糗事变成博人一笑的逸事，那么这些糗事就不再那么尴尬了。

第六章

记住你的巅峰体验
和奋斗的过程

峰尾效应

想象一下，下次假期结束的时候，你会忘记所有的事情。

你忘了京都街道的美丽，也忘了自己在富士山上徒步时看到的景色，更不会记得在东京的卡拉 OK 里披头士那首 *Yesterday* 的旋律。你的回忆都没有了，你的照片也没有了。

我来问你一个问题。如果下次假期结束的时候，你知道你必须吃下一种会让你失忆的药丸，忘记之前所有的事情，那么你会如何规划你的假日旅行呢？如果你只能体验，但是永远不会记得你的体验，那你会怎么做呢？

这个思想实验是由伍德罗·威尔逊学院心理学和公共事务荣誉教授、普林斯顿大学心理学尤金·希金斯荣誉教授丹尼尔·卡内曼（Daniel Kahneman）首次提出的。卡内曼不是经济学家，但他却获得了 2002 年的诺贝尔经济学奖。他还被美国心理学会授予"心理学终身杰出贡献奖",并被奥巴马总统授予"总统自由勋章"。记住这些头衔和奖项可能有点难度,所以,你就把他当成行为经济学界的碧昂丝吧。

卡内曼做了很多研究,其中有一个是说明"体验自我"和"记忆自我"对幸福的感知程度是不同的。"体验自我"就是体验活在当下的"自我",3 秒钟一次,一生有 5 亿次;而"记忆自我"是永久存在的,它的任务是记录我们的经历。换句话说,我们的"记忆自我"就是讲述我们的人生故事。

回到假期的话题,对于我们的"体验自我"来说,假期的第二周和第一周同样有趣。因此两周的假期比一周的假期得到的快乐要多一倍。但对"记忆自我"来说,如果假期的第二周和第一周差不多,那第二周就不会产生额外的记忆,因此也就没有额外的收益。因为故事情节都大同小异:去坎昆,水很温暖,喝了一杯玛格丽特酒,很好。

这就是那个思想实验,但真正的实验也同样显示,我们的"体验自我"和"记忆自我"有些不同之处。

第一个测试,卡内曼和他的团队要求参与者把一只手浸在 14 摄氏度的水里 60 秒。冷水安全国家中心[1] 称 14 摄氏度的水"非常危险"。(对丹麦人来说,这个温度的水算是很热的了。不过,记住,参与者都是加利福尼亚大学的学生。好了,不扯了,我们回到正题)第一个测试就这样。第二个测试,他们要求参与者把另一只手放在 14 摄氏度的水里 60 秒,然后保持不动 30 秒,在这 30 秒里,水温会逐渐上升到 15 摄氏度。研究人员会在实验过程中询问参与者的感

1　虽然名字听起来很唬人,但这其实是个民间的非营利组织,网址:http://www. coldwatersafety.org。

受，很多人表示 15 摄氏度的水还是很冷，但比起 14 摄氏度的水已经大有改观了。

这两个测试之后，研究者让参与者选择他们更愿意重复哪个测试。绝大多数的参与者都选择了第二个测试，更长时间的那个。很显然他们选择承受更多的痛苦。

卡内曼的研究表明，人们回头去评价自己过去的体验时，时长只扮演了很小的一个角色。这些评价通常是由他们最糟糕的体验以及这段经历最后时刻的感受决定的。这就是我们所说的高峰 —— 结尾效应，或者叫作峰尾定律[1]。

卡内曼和他的团队也在其他领域测试了峰尾定律，比如看电影片段，或者让人们观看别人的不适，甚至是观看别人做肠镜检查。

卡内曼和他的团队把肠镜病人随机分成两组。第一组接受正常的肠镜检查。第二组也一样，也接受正常的肠镜检查，只不过检查之后肠镜会留在病人体内静止不动 3 分钟，这 3 分钟里没有痛楚，只是略有不适。

事后让病人评价他们的体验的时候，经历了更长时间肠镜的一组病人比另一组病人给出的评价更好。而且，经历了更长时间肠镜检查的病人也更愿意回来继续进行肠镜检查，因为不那么痛苦的结尾使得他们记忆中的肠镜检查没那么痛苦。

卡内曼说，峰尾定律就是，我们对过去经历（无论是好的还是不好的经历）的回忆，跟整体的积极或消极感受并不成正相关，而是和最极端的那个点以及这段经历的结尾相关。

这也可以看成是记忆暴政。"记忆自我"的粗暴之处就是，它们会拖着我们的"体验自我"，再次体验一遍更不舒服的经历。从这个

1　峰尾定律也译为峰终定律。

意义上来说，我们的"记忆自我"确实有点混蛋。

还有一些调查也证明了峰尾定律的存在，而且不仅仅局限于痛苦，也适用于物质激励上，比如万圣节糖果。

来自美国达特茅斯学院的研究员艾米·杜、亚历山大·鲁波特和乔治·沃福德在一座万圣节晚上经常被孩子们造访的房子里做了一个实验。

万圣节那一天，一共有 28 个平均年龄 10 岁左右的孩子来敲门。他们给了每个孩子不同组合的糖果，然后让每个孩子对自己的快乐程度进行评分。评分是用笑脸符号贴纸进行，研究结果显示了从"无感"到"张嘴大笑"7 个不同的级别。

有的小孩得到了一整块的好时巧克力（Hershey），有的小孩拿到了一块口香糖，有的小孩先拿到一块好时巧克力然后又拿到一块口香糖，有的小孩先拿到一块好时巧克力然后又拿到另一块好时巧克力。你可能会觉得拿到更多糖的小孩会更快乐。但是，拿到一块巧

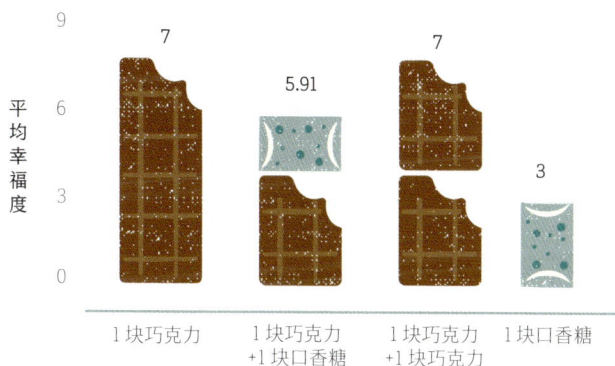

资料来源：艾米·杜、亚历山大·鲁波特和乔治·沃福德做的"愉快体验的评估：峰尾定律"实验，《心理学通报与评论》，2008 年。

克力然后又拿到一块口香糖的小孩，却没有只拿到一块巧克力的小孩高兴。而且拿到两块巧克力的小孩也并没有比只拿到一块巧克力的小孩更快乐。

5位荷兰教育学领域的研究员做了一个相似的实验，研究峰尾效应如何影响孩子对朋友反馈的感受。

74位10岁左右的小学生参加了这个测试，他们被告知自己将会收到朋友对自己行为的反馈。比如，"你觉得迈克在课堂上和其他小朋友交流得怎么样"，或者"你觉得迈克遵守课堂纪律吗"。评分选项有"不足""不足到还可以之间""还可以""还可以到良好之间""良好"。

首先，小朋友会先评价两名同学，然后，他们会收到别人对自己的反馈。研究人员让小朋友相信自己收到的反馈是来自自己同学的，但其实他们收到的反馈是由研究员操控的。好了，到了这里，你要知道这个实验事前得到了小朋友家长们的同意，参加实验的小朋友在之前接受了抑郁和焦虑检测，这个研究也得到了鹿特丹伊拉兹马斯大学（Erasmus University Rotterdam）心理学协会伦理委员会的批准。但我还是觉得这个实验有点不好。

不管怎么说，回到实验，其中30个小朋友在一个测试中得到了（a）四个消极反馈（不足），在另一个测试得到了（b）四个消极反馈外加一个稍微好点的反馈（不足到还可以之间）。

另外44个小朋友也做了两次测试，只不过他们得到的反馈是积极的，他们先得到（c）四个积极反馈，然后得到了（d）四个积极反馈外加一个稍微差一点的反馈。

然后研究员去询问小朋友们对自己得到反馈的感受以及他们再次接受这样的测试的意愿。不出所料，小朋友们不喜欢消极反馈，都喜

欢积极反馈。

而收到消极反馈的学生更喜欢（b）而不是（a），也就是更喜欢以不那么消极的反馈结尾的那个；而收到积极反馈的学生更喜欢（c）而不是 (d)，也就是不以稍微差一点的反馈结尾的那个。

这个研究显示，如果反馈以积极的部分结尾的话，会让人感觉更好一些；反馈的顺序会影响激励的效果、学生之间的关系以及学习的动力。

所以，在制造回忆的时候，你要记住的就是，结尾很重要，高峰也很重要。有时候，要达到高峰，我们需要做出努力，而为了制造印象深刻的回忆，努力也并不是坏事。

幸福记忆小贴士
高潮时戛然而止

把最好的留到最后。

根据不同的研究，我们对于一件事情的记忆很大程度上
受到高峰和结尾的影响。因此，在你计划圣诞节或者生
日的时候，一定要把最好的留到最后。而且，因为我们
的回忆会对我们将来的选择产生重大的影响，所以如果
你想让你的孩子继续和你一起出来玩，一定要保证活动
的结尾让人印象深刻。

努力的过程才真正让人难忘

去年，我去罗马参加世界幸福报告的发布，还参加了其他几个会议，和几个幸福研究员叙叙旧。

除此之外，我去罗马还有另外一件事情要做：去找一枚古罗马的硬币。不过并不是随随便便的一枚硬币，是一个背面为罗马女神费里茜荻丝的硬币。

费里茜荻丝象征着和平、富足和好运。硬币背面，她一只手拿着丰饶角，象征着富足和营养；另一只手拿着节杖，杖上盘绕着两条蛇，代表着墨丘利，也就是希腊神话中的赫尔墨斯，象征着商业和繁荣。

在幸福研究所，我们一直在为哥本哈根的幸福博物馆搜罗东西。这座博物馆预计在本书出版之后开放。届时我们将会举办几个展览，比如"幸福科学"展览，主要讲我们如何衡量幸福；"幸福解剖"展览，主要讲幸福是由大脑的哪个区域感知到的；"幸福地图"展览，主要讲为什么一些国家的人比其他国家的人更幸福；"幸福历史"展览，主要讲幸福的概念有没有随着历史而改变，而这枚古罗马硬币就是这个展览的一部分。

我在网上已经找到了这枚硬币，但我还是想去实地找一找，因为这样会留下更美好的回忆。是的，这需要我花费更多的精力，比在网上把它加入购物车难多了。我搜索了一下，找到罗马有 3 家古钱币商店，其中一家就在梵蒂冈我住的酒店外面的街道拐角处。那家商店很小，只有 7 平方米左右，东西不多，没有我想要的那枚。我继续步行走向第二家商店，位于罗马的主商业街科尔索大街。找了一会儿，我才发现它已经关门歇业了，原来的位置上成了一家卖衣服

的店。所以第三家店成了我最后的希望——位于梅塞里大街的集邮中心，从西班牙台阶（Spanish Steps）步行5分钟，然后穿过一个小巷就到了。我这里说是"步行"，但其实我是跑着过去的，因为天色将晚，我害怕商店关门。进了那家店，我告知里面一位先生我的来意。

他说："我们可能真的有你要的东西，但是得好好找找。"

原来，古钱币都是根据它正面的君王排序整理的，而不是根据背面的图案，所以我们找了数百枚钱币，翻过来，用放大镜仔细观察背面的图案。是的，放大镜！多好玩！我还记得我用的放大镜倍数不太够。

45分钟之后，费里茜荻丝突然出现在放大镜中。硬币的正面是塞普提米乌斯·盖塔[1]，他只做了3年的皇帝。盖塔是塞普提米乌斯·塞

1　塞普提米乌斯·盖塔是罗马帝国第二十三任皇帝。

维鲁[1]的小儿子（前任皇帝是康茂德，就是在电影《角斗士》里被罗素·克劳打死的那位）。盖塔和他的哥哥卡拉卡拉都被视为皇位的潜在继承人，也许是为了显示对罗马王朝的忠诚，他们两个在父亲的病榻前发誓会一直团结一心。但是，塞维鲁死后仅仅几个月，两兄弟就各自集结势力，争夺皇位。卡拉卡拉假装求和，约盖塔在母亲家会面，暗中安排刀斧手将盖塔暗杀。登上皇位之后，卡拉卡拉下令毁掉所有跟盖塔相关的雕像、硬币、画像，好让世人遗忘盖塔。

这让我想起心理学家多萝西·吕弗（Dorothy Rowe）说的一些关于子女的话。孩子们还小的时候，他们打架是为了吸引父母的注意力；长大后，他们斗来斗去，其实是为了争夺谁对他们共同拥有的过去有着更真实准确的回忆。

不过，卡拉卡拉没得逞——而我在经历了一小段冒险后，靠着极为出色的放大镜使用技巧找到了想要的钱币。

这件事让我印象深刻也是因为这些。我们在幸福研究所做的幸福回忆研究中，22%的幸福回忆都有高峰或者迎难而上的经历。有时候，他们排除万难的经历就是故事的主要部分。想象一下，如果印第安纳·琼斯只是在路上走走就不小心遇到了约柜[2]（噢，原来我把它落在这里了！），或者说他从eBay网站上下单买了一个圣杯。无论是哪一种情形，这电影都烂爆了。克服困难获得胜利才值得我们庆祝。高峰之所以是高峰，是因为我们需要一步一个脚印地攀登。

而且，获得这枚古罗马钱币，也使我得以说出印第安纳·琼斯的那句著名台词："那东西该待在博物馆里。"[3]

商店掌柜显然没懂我在说什么。

---

1 塞普提米乌斯·塞维鲁是罗马帝国第二十一任皇帝。
2 约柜，古代以色列民族的圣物，放置上帝与以色列人所立的契约的柜子。
3 "夺宝奇兵"系列电影中印第安纳·琼斯的著名台词。

幸福记忆小贴士
走更长的那条路

让路途也成为经历的一部分。

在这个急功近利的时代，有一个办法能让我们做的事情更加难忘，那就是让它晚点来、慢点来。你花 5 小时的时间徒步到山顶，比起坐 15 分钟的缆车上去，会让你的体验更有意义。有些旅程就应该坐火车，而不是飞机。你可能在路途中花了点时间，但很可能你的旅途会因此而变得非常精彩。毕竟，火车才是旅行最恰当的交通工具。

斗争越艰苦， 成功越甜蜜

对我来说，看足球比赛就像是看青草拔高，只不过有好多碍事的人在场上跑。我永远无法理解 22 个人追一个球跑有什么好看的。但这项运动很火，照这么来说，人们狂热地喜欢任何东西都情有可原，比如折纸。

想象一下，每天早上新闻里都会播报最近折纸比赛的结果。中国折纸队折了一只天鹅，一共只折了 88 下，打败了法国队。然后紧接着就是一个折纸大战的广告，巴塞罗那折纸队对阵皇家马德里队，折纸界的宿敌。上个赛季，巴塞罗那的明星折纸运动员高桥（Takahashi）转会到马德里队，转会费用高达 12 亿美元。因为此事，巴塞罗那的粉丝团体"碎纸机"无比愤怒，殴打了马德里的粉丝。

上班路上，你会看到折纸运动员的大幅广告牌。他们拿着几百万的佣金为奢侈品包包、汽车和香水做广告，比如 Calvin Klein 联名款的 A4 纸。上班的时候，你端着一杯咖啡，跟你的同事打招呼："昨天晚上看折纸比赛了吗？法国队这次折纸世界杯肯定没戏了。"是的，折纸世界杯，连续四周，不间断直播，一群人在那里折天鹅、折海豚，甚至还有长颈鹿。太刺激了。当然，也有女子折纸比赛，只不过女折纸运动员的薪资只是男运动员的 10%。

专业折纸运动员退役之后就成了解说员。"我的上帝！他准备叠河马了！他准备叠河马了！这天不怕地不怕的胆量！这就是高桥！噢！不！我的天，纸把他手划破了！噢不！他这赛季报销了！这对日本队是个沉重的打击。"

世界上所有国家都渴望参加折纸世界杯，除了美国。因为美国折纸用的纸张形状和世界通用的纸张不一样，美国的纸更宽一些，更短一些，所以美国的队伍参加的是另一个联赛。在酒吧里，如果你离得够近，你或许能听到别人在热火朝天地讨论 A4 纸和 8.5 英寸 ×11英寸（21.59cm×27.94cm）纸张的优劣。"兄弟，用 A4 纸根本折不出完美的长颈鹿！"

然后，午饭的时候你们讨论的是一个新闻，美国折纸联赛冠军被指控使用兴奋剂，而且他的拇指和食指上还涂抹了一点点金属，所以他折得更快、更漂亮。

下班后，你和朋友见面了，他说："祝你生日快乐！"你说："谢谢。"然后你打开他们送你的礼物，是一本书，一本回忆录，高桥写的《拆纸还需折纸人》[1]。

---

1 原英文名 *Unfolded*。

长话短说，我对足球毫无感情。抱歉，我必须先把这个说明白。只是喜欢 2018 年一个关于足球的研究，由国家社会经济研究协会的彼得·多顿和乔治·迈凯荣做的一个关于《足球事关生死？或是更甚？》的研究。

他们研究的是足球比赛的结果如何影响球迷的幸福感。研究中所用的数据来自伦敦政治经济学院研究项目 Mappiness 应用中 32000 人的 300 多万条回复。研究的目的是理解人们的情感如何被自己周围的环境所影响。参与者会在自己的智能手机上收到通知，要求完成一个简单的、关于他们在那个时刻幸福感的调查，包括他们开不开心、放不放松、清不清醒、和谁在一起、在哪里、正在做什么等内容。

在"做什么"这个问题里，有 40 个选项，里面包括观看体育比赛。同时该应用还会收集他们的 GPS 数据，这样研究人员就可以假设，如果每次曼联在老特拉福德比赛的时候，你都去老特拉福德，那你很可能就是曼联的球迷，所以研究员就可以看出主队比赛的输赢会对你的快乐产生什么影响。有了这些数据，再加上其他的一些数据，比如对阵不同球队时的数据、比赛的结果以及根据赔率得到的比赛预期结果的数据等，研究人员做了更细致的分析。

研究发现，如果你不在现场，那么一场比赛的胜、平、负在比赛结束后一小时内对你的幸福感影响值是 2.4、–3.2、–7.2。而如果你在体育馆现场看了比赛，那比赛的胜利对你的影响值会升高到 9.8，平局是 –3，而失利会对你造成沉重的打击，降低到 –14。

这些数据佐证了我们称之为损失厌恶效应（Lost Aversion）的理论，即我们厌恶失败的程度比享受胜利的程度要高得多。这项研究还得到了一些我们可以预料到的结果，比如，如果我们以为会输（根据博彩公司的赔率）却赢了，那胜利会更加甜美。类似地，如果预料会赢却输了，那粉丝们会更加难过。

当然，比赛本身肯定有精彩之处（对一些人来说），而且期待比赛的开始也很开心。所以在比赛之前人们的幸福感有一个高峰。但是，总的来说，比赛失败给人带来的消极影响要大大超过比赛胜利给人们带来的积极影响。而且消极影响持续的时间是积极影响的 4 倍左右。

简而言之，足球球迷是不理性的。从幸福的角度来看，做足球球迷不是个好主意。追随足球的累计效应是消极的。但不管怎么说，足球也是幸福回忆的一个来源。我们的幸福回忆研究中，一位美国的妈妈写道："我现场看了我女儿在高中校队的一场足球比赛，她进球了。那是这个赛季第一场比赛的第一个进球，也是她们学校足球队 5 年来面对其他学校球队的第一个进球。"

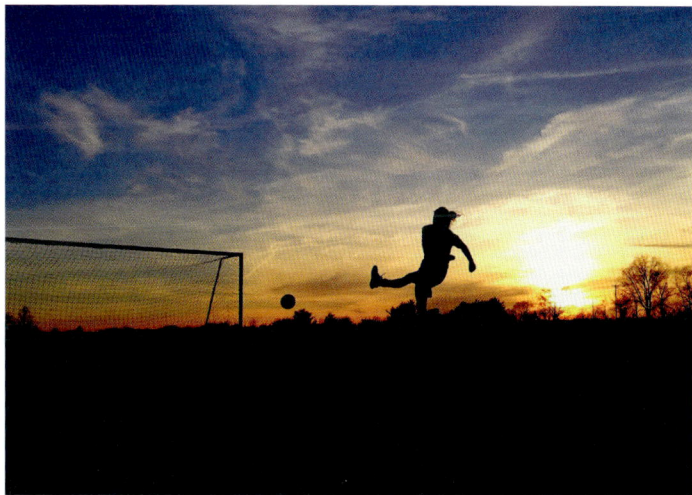

峰尾周末

所以，星期几我们最可能有幸福的回忆？一周里面，我们哪一天最开心，哪一天最不开心？看起来是个很容易回答的问题。但是，答案却不简单。

前面提到的 The Mappiness 研究还收集了 2.2 万人在两个月内的数据，来研究星期几对每个人幸福感的影响。这些数据使得星期一沉冤昭雪。表现最差的是星期二。研究人员提出的解释是，因为星期一的时候，周末效应还没有散去，而到了星期二，周末效应已经没了，但下一个周末还远未到来。

但是，悉尼大学的两位研究者发表在《应用社会心理学》的一篇文章指出，周一人们的情绪最低落。还有另外一项研究发现人们在一周中的情绪没有大的起伏。这么说来，在"忧郁星期一"这个案子上，陪审团还没有达成一致。

但是，各种研究都发现了周末效应。也就是，对多数人来说，周末是一周的高光。人们在周五、周六和周日的幸福感最高。一些研究显示，人们的幸福感会在周日下降一些，因为大家都意识到周末马上就要结束了。

人们在周末感到更加幸福的主要原因是更自由，更放松，可以和他人增进感情。在一周中间的几天，有太多事情我们无法控制，各种会议、各种截止日期使得我们的时间捉襟见肘。我们不得不和自己不太喜欢的人在一起。而到了周末，我们有更多的自由，可以选择做一些给我们带来快乐的事情，和我们最喜欢的人消磨时光。当然，也有许多人不得不在周末加班，还有许多人不适应朝九晚五的工作时间，他们显示的结果肯定会有些个一样。

总的来说，平均下来，大多数人都是在周末更幸福一些。感谢大数据，让我们知道了这个显而易见的道理。但是，再回想一下卡内曼的峰尾理论，我们或许可以利用它，让一周的时间以一个"高音"结束，也许当我们回头想起那一周的时候就会更开心一些。

家务之战：为什么回忆让我们互相吵了起来

2010 年，一家提供家政服务的互联网公司 Cozi 做了一次调查，询问了 700 名有孩子的男性和女性，了解他们在各种家务劳动中的分担情况，比如买菜、买礼物、家庭融资、安排时间和计划等。

简单来说，就是比较一下爸爸和妈妈在家庭中谁更辛苦，或者说是他们认为谁更辛苦。

比如，男性认为他们负责了 55% 的家庭日常开销规划和安排。但是，女性却认为她们负责了 91%。这加起来就 146% 了。其他的家庭琐事也一样，男性声称自己承担的和女性声称的加起来总是超过 100%。

所以到底发生了什么？在社会科学中，我们通常会遇到一种社会称许性偏差（Social-desirability bias）[1]。人们希望别人喜欢自己，所以他们会夸大自己的好行为。你如果问他们："你多久捐款一次？"他们甚至会说："嗯，我一直在捐款，你看，这里有一点钱，拿走吧，请喜欢我。"即使这个调查是匿名的在线调查，我们也无法排除社会称许性偏差的影响。因为我们总是喜欢跟别人讲自己有多优秀。

不过，这里可能还有一个因素在作祟：我们的回忆。就拿采购食品来说，男性和女性都声称他们做了大部分的活。男性声称他们做了 46%，而女性声称他们做了 77%，两者相加为 123%。

1　社会称许性偏差指在自我评价时，评价者通常会以社会认可的方式做出评价反应的一种偏向。

这里的原因可能是我们自己买东西的经历让我们记得更牢。我买东西的时候，我需要找到洋蓟（我找了3个地方才找到），结账的时候我还排错了队伍（什么？这一袋苹果还需要称一下再贴一个标签?!），我还要提着重重的购物袋走回家（为什么我把所有的重东西都放在了一个袋子里?）。

而不是只知道"哇，洋蓟！好吃！嗯，不错，我们有牛奶了"。显然这个回忆没有前面那个生动。当我第一次读到这项研究的时候，感觉就像在跟前女友打电话聊天（很熟悉的感觉）。

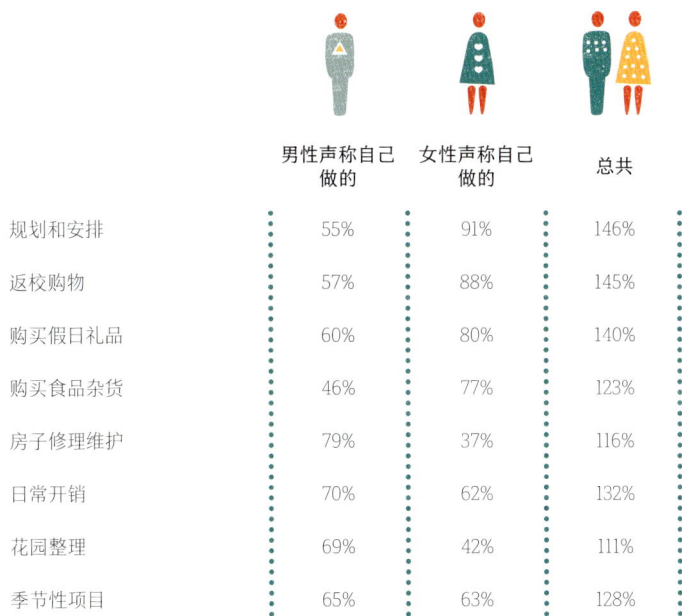

	男性声称自己做的	女性声称自己做的	总共
规划和安排	55%	91%	146%
返校购物	57%	88%	145%
购买假日礼品	60%	80%	140%
购买食品杂货	46%	77%	123%
房子修理维护	79%	37%	116%
日常开销	70%	62%	132%
花园整理	69%	42%	111%
季节性项目	65%	63%	128%

第七章

用故事跑赢遗忘曲线

我们在幸福研究所做的幸福回忆研究中，一位来自英国的30多岁的女士写道："今年夏天，我和丈夫还有孩子一起去了一处野外的沙滩，风很大，天很冷。

"我们说好挖个火坑，早饭做点粥，里面放点麦片。不过最后出现在我们面前的却是半生不熟的凉粥，里面漂浮着的麦片咬起来有种塑料的口感，粥上面还有一层从各处飘来的沙子。大家笑作一团。啊，无与伦比的家庭时光。"

我们问她为什么至今还记得这件事，她说："因为，虽然所有的事情都出了差错，但这是我人生最滑稽的时刻，这个时刻是和我的家人共有的。没有手机，没有电视，只有我们四个人，裹着一张毯子，看着海浪疯狂地拍打着海岸。我们几个人围坐在火坑边上，吃着糟透了的食物，身上一层沙子。"

我喜欢这个故事。如果我们不做蠢事，所有的事情都不出差错，那我们就没有什么故事可讲了。我敢肯定这个故事会成为他们家的经典。把我们每个人联结在一起的是我们共同的故事。在幸福回忆研究里，我们收集的回忆中有 36% 被人们记得是因为它们被编成了故事。

另外，我们的幸福取决于将自己的生活转变为好故事的能力。我们是对自己的失败和错误耿耿于怀，还是能从痛苦中发现一丝希望？当我们讲述自己人生故事（即我们如何成为现在的我们）的时候，我们关注的是哪个方面，这都对我们的自我意识有很大的影响。

来自美国伊利诺伊州西北大学的心理学教授丹·麦亚当（Dan McAdams）做了一项研究。他的研究显示，构建个体救赎故事的能力和一个人精神的健康幸福呈现一定程度的正相关。救赎故事指的就是开头糟糕、结尾不错的故事，比如，一锅凉粥就是个糟糕的开头，一家人笑作一团就是个不错的结尾。

还记得肌肉发达的圣诞老人吗？经常回忆会加强我们的记忆。我们根据发生的事情提炼出什么样的故事，我们对这些事情就会有什么样的回忆。而这些故事就是我们对这个世界的理解和认识。讲述我们自己的故事就像是一次彩排，这些故事会加强我们大脑里一些信息碎片之间的联系，让回忆更加深刻。或者如美国诗人和政治运动家穆里尔·鲁凯泽（Muriel Rukeyser）在《黑暗的速度》中所说，"宇宙由故事组成，而非原子"。

幸福记忆小贴士
收集一些有故事的东西

让你的东西讲述你的人生故事。

环顾我家的书房，我看到了油画、照片，还有其他一些东西。一幅油画上画的是我祖父长大的农场，那个农场只有一个户外的厕所。一天下午，我祖父在忙活的时候听到了布伦纳医生的汽车声，布伦纳医生是镇上第一个买车的人，所以祖父听到汽车的声音就知道是布伦纳医生。祖父趴到窗户上想看看汽车在哪儿，但他一不小心，滑出了窗外，掉到了茅坑里。那幅油画可能画得不怎么样，但是它却能让我想起来，好奇心有时候会让你掉进茅坑。

我还有一张西班牙诗人安东尼奥·马查多[1]的照片，照片拍摄于1912年到1919年之间，那是安东尼奥和他在拜萨当老师的同事一起拍的照片。你可能还记得我在回忆高峰那一章的故事，我曾经在拜萨待了3个月，写东西，那张照片是那里的一个老师，也是一个曾经发表过我一篇小故事的杂志编辑送给我的礼物。

书房的架子上有一个照相机，那是我祖父在1958年送给我父亲的。那时我父亲10岁，那一年赫鲁晓夫成了苏联的最高领导人，艾森豪威尔总统建立了NASA，猫王花10万美元买下了雅园（Graceland）[2]。照相机快门键按下的时候，会发出特别悦耳的

---

1 安东尼奥·马查多（1875—1939），20世纪西班牙大诗人。
2 雅园，美国影响力最大的歌手之一"猫王"埃尔维斯·普雷斯利生前位于田纳西州的豪宅。

金属咔嗒声，这个声音提醒我时间的流逝，也告诉我如何才可以让我们留下来的东西变得有意义。

环顾四周，我才发现这个房间并不是由油画和东西装饰起来的，而是由我的故事装饰起来的。

有故事的东西并不一定都很昂贵。如果你们家也在那片凄风苦雨的沙滩上喝过半生不熟的凉粥，那沙滩上的一块小石头也许就可以让你的孩子想起那次有趣而疯狂的经历，是那次经历让你们一家人更加亲近。当然，任何事都要有所节制。在这件事上没有必要学习安迪·沃霍尔。

故事的力量

你有没有这样的经历，参加聚会的时候，发现别人讲了一个有趣的故事，比如说他们的兄弟直接从罐子里吃芥末，或者一把抓住他们家的狗的蛋蛋，然后你觉得他们讲的这个故事其实是你的故事。

如果你也有过这样的经历，那你经历的是另一段回忆现象：争议回忆，就是人们对到底谁是故事的主人公争论不休。

发表于 2001 年的一项研究做了 3 个有关兄弟姐妹（包括双胞胎）的实验。这项研究的作者门赛德斯·希恩和西蒙·坎普当时是新西兰坎特伯雷大学的老师（这两个人现在已经是两所大学的心理学教授），还有一位作者是当时在美国杜克大学教书的大卫·鲁宾。

在其中一个实验里，他们选了 20 对已经成年的双胞胎，给他们 45 个提示词，让他们想想每个词背后关联的一段回忆。20 对双胞胎里有 14 对都有至少一段有争议的回忆，最后算下来一共有 36 段有争议的回忆。这 36 段回忆中，有 15 段是双方之前已经知道的，有 21 段是在这次实验的时候才发现的。

双胞胎性别都相同，做实验的时候平均年龄 27 岁，有争议的回忆一般发生在他们 5 岁到 14 岁之间。

在第一个实验中，有一对双胞胎都声称他们在一个国际越野赛车中夺得第 12 名；另一对都声称自己和爸爸坐船的时候，看到了一只虎鲨；还有一对则都声称自己小时候从拖拉机上掉了下来，把手腕扭了。

至于"吃掉半罐芥末然后一把抓住狗狗的蛋蛋"，他们都说是对方干的。我觉得我们有必要把狗狗拉出来，放在证人席上说说它的看法。

在第二个实验中，大约相同年纪的普通兄弟姐妹（不是双胞胎）也为一些回忆的所有权产生了争议，但争议没有双胞胎那么多。这也说得过去，双胞胎年龄一样，所以他们比普通的兄弟姐妹更可能有着相同的经历。

在第三个实验中，研究员发现，对比没有争议的回忆，有争议的回忆会让大家印象更深刻，会有更多形象的描述和更多的情感寄托。当然，这其中部分原因可能是他们都想说服研究人员，他们是这段回忆的真正拥有者。

但是，为什么会出现这些有争议的回忆呢？为什么两个人或者几个人会有着相同的回忆呢？

嗯，如果你是个钻石级的阴谋论行家，你可能会说这是我们所在的现实矩阵露出了马脚（译注:《黑客帝国》梗）。但出现这种情况也可能是因为我们所说的"回忆源头问题"。

举个例子。我之前写过一本关于 hygge 的书，hygge 指的是丹麦人创造美好氛围的艺术，而每当我谈起 hygge 的时候，我通常都会用下面的这个故事去给大家解释。

有一年 12 月，马上就到圣诞节了，我和我几个朋友在一座老旧的木屋里度过了一个周末。房子外面白雪皑皑，把一年中这几天白昼最短的日子照得亮堂堂的。下午 4 点钟左右，太阳就落山了，而且再过 17 小时我们才能再次见到它，所以我们回到木屋，把火生了起来。我们几个人徒步了一天，都很累了，围着壁炉坐成个半圆，大家都穿着套头毛衣，还有厚厚的羊毛袜子，有几个人都快睡着了。你唯一能听见的声音是肉汤的咕嘟声，壁炉里噼里啪啦的火星声，还有几个人啜饮红酒的声音。然后，我一个朋友打破了这种宁静：

"这还能再 hygge 一点儿吗？"他问道。

"当然。"等了一会儿，一个女生对他说，"如果外面下着暴风雪就更棒了。"

大家都认同地点了点头。

去年，我在圣彼得堡分享了这个故事。后来，有一个观众跟我说她甚至能听到壁炉里的火噼里啪啦的声音。有时候，我们可以把故事讲得让人身临其境，甚至能让听者感受到当时的情境。当你听我讲这个故事的时候，你会根据自己的个人经历知道炉火噼啪作响是什么声音，知道干燥的木头冒出的烟是什么味道，知道红色、黄色、蓝色的火苗是什么样子，你还知道坐在炉子边上是什么感受，脸烤得暖烘烘，可背上还是冷冰冰。

所以当你把自己其他经历的细节加入故事中，故事就会变得更加生动，也包含了更多你的个人经历，所以你就开始相信这就是你的故事——你的回忆。你觉得自己亲历了那件事，但其实你只是从其他人那里听到这个故事，然后坐在导演位置的海马体就开始自由发挥了。

故事讲得好的人，会把故事融入生活。讲得好的故事会成为经历，会让你觉得你亲眼见证了发生的一切。我们可以从中学习到的是，我们可以帮自己所爱的人重建他们已经忘记的回忆，让他们根本不会怀疑这些回忆是我们灌输给他们的。

曼德拉效应

丹麦最受欢迎的电视连续剧叫《斗牛士》，讲述纳粹占领时期和大萧条时期丹麦一个小镇上的生活。

有一集讲的是镇上一个老姑娘米赛嫁给了安德森老师。但是，据米赛讲述，在他们新婚之夜，她的丈夫为了让他们的婚姻走向圆满，变成了一头"野兽"。米赛把她丈夫锁在阳台。他在阳台上的冷风中嚎叫了一整夜。

许多丹麦人都会描述那个场景。穿着睡衣的安德森朝着米赛大吼大叫，疯狂敲打着门。但问题是，这个场景从来就没有播出过，甚至根本没有拍摄过。但还是有好多丹麦人就是觉得自己看到过那一幕。其实是他们自己想象出的那个场景，然后把它存于脑海，成了他们的回忆。

这就是我们所说的"曼德拉效应"，指的是许多人对某些时期有着相同的错误回忆。它得名于南非总统曼德拉。因为很多人都"记得"20世纪80年代的时候，曼德拉在监狱里去世了，还记得电视上各种关于他葬礼的报道。但事实上，曼德拉出狱后成了总统，一直到2013年才去世。

你可能也会受到曼德拉效应的影响。还记得《星球大战5：帝国的反击》里天行者卢克和黑武士达斯·维德（Darth Vader）标志性的决斗场面吗？

"你对黑暗的力量一无所知。奥比旺没有告诉你你父亲是怎么死的吗？"黑武士说。

卢克回他："他告诉我了，我父亲是你杀死的！"

好，问题来了，接下来黑武士说了什么？很多人会说，黑武士说的是"卢克，我是你的父亲"。但这其实是错的，真正的台词是，"不，我才是你的父亲"。

还有，既然我之前提到过《卡萨布兰卡》，我还是得提一下亨弗莱·鲍嘉扮演的角色。瑞克没有说"再弹一遍，萨姆"，他说的是"弹"，语气里充满了沮丧和愤怒。

我们总会记错事。即便是重要到改变世界进程的大事，也一样。

一个例子就是，乔治·沃克·布什在"9·11"事件后几个月被问及对这次袭击时的感受时说，他看到第一架飞机撞上了世贸中心的大楼。

> 我当时在佛罗里达。我的幕僚长安迪·卡德（Andy Card）——其实是我，正在教室里谈论一个很有效的阅读项目。我突然在电视里看到一架飞机撞上了大楼，我之前开过飞机，我说："这飞行员技术也太差了。"然后我接着说："出大事了。"但我马上被人拉走了，没太多时间去想，我坐在教室里，我的幕僚长安迪走进来跟我说："第二架飞机也撞上了双子塔，美国受到了攻击。"

问题来了，当天早上，根本没有电视直播第一架飞机撞上世贸大楼的画面。布什总统根本不可能看到他声称看到的那些画面。但我们的回忆会"偷听"我们体验自我的话，然后把那些故事转变成我们的回忆，事情就是这样。

我是从哪儿开始离开遗忘曲线的？

你看的上一部电视剧是什么？对我来说，是《巴比伦柏林》，一部德国的犯罪剧，故事发生于 1929 年的魏玛共和国的柏林。回答这个问题对我来说易如反掌，因为我是昨天晚上看的。

如果问题是，你两个月前看的那部电视剧是什么？一年前呢？这个问题就很难回答了，即使回答也很可能答错。

最近发生的事情，我们更容易记住。第一个发现这个现象的是德国心理学家赫尔曼·艾宾浩斯。当然，他是个德国人，他的名字赫尔曼·艾宾浩斯，你品一品，这肯定是个德国人的名字。艾宾浩斯在自己身上做了一个很简单的实验，然后发现了遗忘曲线。

他研究了自己记忆无意义音节词汇的能力，这些音节组合必须是辅音加元音加辅音，而且不能有任何含义或关联意义，也就是 WID 或者 ZOF 这样的词，DOT 不行，因为它是个单词，BOL 也不可以，因为它发音跟 ball 很像。

顺便说一句，我觉得艾宾浩斯做管理咨询肯定会做得特别优秀。"你 Q4 在 B2B 这方面的 KPI 下降了。肯定是 SEO 出了问题，因为 CR 下降得很厉害，但 CPC 却有 30% 的增长。"

艾宾浩斯每过一段时间就会记录自己对这些无意义音节的记忆情况，并记录结果。那是 19 世纪 80 年代，闲暇时间也没有什么其他的娱乐活动，可以理解。

他是历史上最先开始通过做实验，试图理解人类的记忆如何运作的那批科学家之一。在他之前，大多数记忆研究的成果都来自哲学家，而他们主要是通过思考或者简单地观察。艾宾浩斯把自己记忆的结果画成了一个图表，也就是我们现在所熟知的"遗忘曲线"。这条曲线显示了我们的记忆是如何随着时间慢慢被遗忘的。从曲线上你能看出来，如果我们不刻意更新我们的记忆，这些信息就会随着时间慢慢流逝。20 分钟之后，你就丢失了 40% 的信息，一天之后，70% 的信息都被遗忘了。

艾宾浩斯的"遗忘曲线"

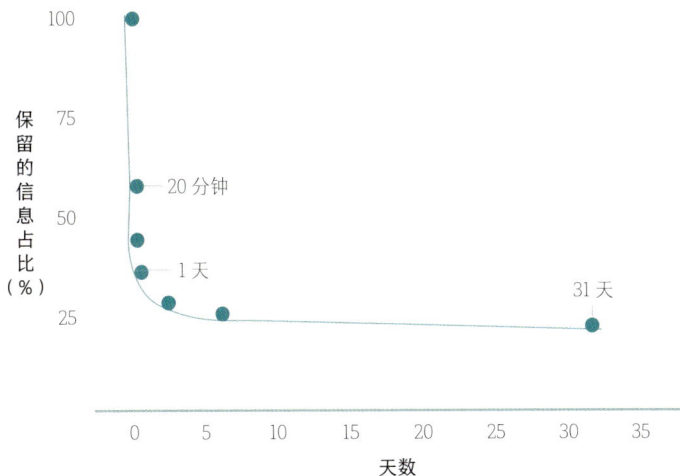

幸福记忆小贴士
跑赢你的遗忘曲线

给你的孩子或者爱人讲述你幸福的回忆，帮助他们记住这些幸福时光。

艾宾浩斯还有一个发现是，如果我们在特定间隔时间内重复学习那些信息，那我们就能改变遗忘曲线的斜率。

不是简单重复，而是在特定时间点上重复。你一天重复学习20次你想记住的那个信息，这样没用。如果那个信息已经在你的脑海里，那你重复它并不会涉及回忆这个过程。你得给你的大脑一点时间消化。

如果在特定间隔时间内重复，那你的大脑就需要重新构建回忆，这样才能强化你的记忆，就像你使用你的肌肉会让你变得更强壮一样。现在，这个原则被称为"间隔重复"，指的是我们要每隔一段时间复习一次我们想要学习的东西，而这个间隔的时间是越来越长的。

我想所有的父母，都愿意让自己的孩子拥有持久的幸福回忆，他们也愿意帮助自己的孩子跑赢他们的遗忘曲线，而不断给他们讲讲这些幸福的经历就可以帮到他们。

所以，如果你想留住幸福的回忆，也想让你的孩子拥有这些幸福的时光，有一个办法就是在哪天晚上和他们聊聊，然后再在未来的日子里持续地提及这些事情，比如说在第二天、一周之后、一个月之后、三个月之后、一年之后。

小狗和尿布

"你记得最早的事情是什么？"

在过去的几年里，我问了好多人这个问题。答案有很多，有人说是有人送他一条小狗，还有人说是有人给他换尿布（这是我一个朋友说的，他要求匿名）。我最早的回忆是我 4 岁的时候，我祖父问我："你几岁啦？"我把一条腿放到另一条腿上，摆成一个阿拉伯数字 4。我得承认，相比小狗或者尿布，我的早期回忆有些逊色。虽然关于儿时回忆的研究结论各有不同，但是在回忆研究这一领域似乎有一个共识，那就是最早的儿时回忆，平均来说，都是三四岁的时候。

不过，这也不是说我们更小时候的事情就什么都不记得了。20 世纪 80 年代的时候，有一位叫凯瑟琳·内尔森的心理学家，她是第一个研究儿时情节记忆的人。她用一个隐藏的录音带记录下一些小孩临睡之前的自言自语——婴儿床旁的故事。一个叫艾米莉的小女孩讲了一些自己当天经历的故事，她当时只有 21 个月大。故事里车坏了，她不得不换到一辆绿色的车里。很显然，这是一段情节记忆。

有些人声称他们记得自己出生时的事情，但是截至目前还没有什么证据可以证明这些是他们真实的回忆。弗洛伊德发明了一个概念叫儿时失忆或者叫作婴幼儿失忆，描述的就是一个人很难记起我们刚出生那几年的事情。近几年，更多的研究让我们大概了解了，什么样的儿时故事才会被我们记住。

2014 年，心理学家威尔斯、莫里森和康威在《实验心理学季刊》上发表了一篇文章，他们研究的问题是，儿时回忆里什么样的细节会被成年人记住。

124 个人参加了实验，他们被要求写下 4 个儿时的回忆：两个积极的和两个消极的。最后一共是 496 个回忆。然后研究人员会具体询问每个回忆中的 9 个细节：有谁在场？发生在哪里？当时天气怎么样？你穿着什么衣服？等等。而且研究人员要求他们不要猜测，只说出真正记得的细节。

人们更容易记住积极回忆中的细节：平均来说，他们能记起积极回忆中 9 个细节里的 4.84 个；而到了消极回忆，他们只能记起 4.56 个。大多数人（85%）都记得回忆发生的地点，一半的人能想起自己当时的年龄，但是只有 10% 的人能记起自己当时穿着什么衣服。

积极回忆中，18% 的都是有关成就的，比如，学会骑自行车；有 13% 关于生日，或者圣诞节，或者收到什么礼物；还有 10% 关于旅行或者假期。

我想这里我们要从中获得的道理是，我们的回忆跟我们的语言能力相关，也就是说，我们的回忆是从我们可以自己讲故事开始的。因此，我们可以在选择讲哪些故事或者参加哪些活动的时候，考虑一下它们能不能给我们的孩子带来美好的儿时回忆，这些都是我们可以用来制造回忆的方法。你的孩子可能会忘记他们儿时的幸福回忆。所以，即便那些回忆是他们的，你也可以先帮他们保存一段时间，等到他们长大到可以保存回忆的时候，再还给他们。

积极的回忆：人们平均能记住 9 个细节中的 4.84 个

消极的回忆：人们平均能记住 9 个细节中的 4.56 个

拥抱回忆架构师这个角色

孩提的时候，我们家每年5月到9月都会去一座木屋住。我儿时的一些幸福回忆都发生在那里。

6月份的时候，晚上天空很蓝，沿着海岸线会有人点起星星点点的篝火。我们会去树林，爬到树上找浆果吃；也会去山里，在地道里进行各种探索，寻找纳粹藏起来的金子；还会去麦田里，"帮忙"开拖拉机，用干草搭建房子。我们还去过河边捉鱼，用泥巴堆大坝，去海滩边游泳，觉得冷了就把岸上的小船翻过来躲进去，然后挖个坑取暖。

干草的味道，浆果的口感，还有被太阳晒了一整天的木船下面的温暖，这些感觉到现在都能把我带回到那些日子，那些单纯快乐的日子。

在这些事情上，我的经历并不特殊，好多人都和我一样爬过树，夏天光着脚在外面一直跑到日落西山，这些消磨时光的方法也是英国人最珍贵的童年回忆。

2016 年，新考文特汤料公司（New Covent Garden Soup）委托的一个调查中，调查者收集了来自 2000 个成年人的回复。结果显示在英国最典型的童年回忆中，73% 的幸福回忆都涉及了海滩。另外，从这项调查还能看出，我们童年的幸福回忆在夏天的可能性是其他季节的 10 倍。

而且，我们似乎更喜欢把孩子带到我们曾经经历过快乐时光的地方。参与调查的父母中，超过一半都表示他们曾经带全家人去过自己儿时去过的地方，试图再次制造美好的回忆。

50 个最常见的童年回忆

1. 家庭假日
2. 捉迷藏
3. 在海滩上捡贝壳
4. 跳房子游戏
5. 看 *Top of the Pops*（BBC 推出的流行音乐排行榜电视节目）
6. 体育比赛日
7. 看儿童电视节目
8. 吃炸鱼薯条

9. 自选糖果
10. 操场游戏 [1]
11. 铅笔盒
12. 爬树
13. 汤匙盛蛋赛跑
14. 周日把音乐排行榜上的歌曲录下来
15. 学校晚餐

1　操场游戏，英国流行的一种追逐游戏，操场中间站一个人扮演英国斗牛犬，其他人从操场一头跑到另一头，斗牛犬抓住任意一个人，喊"1——2——3，英国斗牛犬！"，被抓住的人就成了新的斗牛犬，直到最后一个人。

16. 收集玩具，收集卡片等

17. 冰激凌小货车上的冰激凌

18. 在外面一直玩到天黑

19. 在海上划船

20. 看电视剧《厨娘》

21. 把自己掉了的牙放在枕头下面

22. Kiss Chase（小女孩追自己喜欢的小男孩，追上就可以亲一口）

23. 和兄弟姐妹打架

24. 在池塘里抓蝌蚪

25. 去沃尔沃斯超市买唱片

26. 在树林里抓着吊在树上的绳子晃

27. 学校组织的郊游

28. 去堂兄弟家玩

29. 把小雏菊串成花环，戴在头上

30. 暑假结束回到学校

31. 早上很早起来去度假

32. 读杂志

33. 在小石潭里玩耍

34. 把毛衣脱下来当球门

35. 学校里的糖果店

36. 在池塘里划船

37. 冰激凌苏打水饮料

38. 光着脚在外面跑来跑去

39. 在朋友家彻夜开派对

40. 带到学校的便当

41. 在冰冷的海水里游泳

42. 在房子背后对着墙打网球

43. 刮刮乐贴纸（一种贴纸，刮一刮可以闻到不同的味道）

44. 第一次被老师训斥

45. 新年派对熬夜

46. 穿着校服在草地上打滚儿

47. 送报

48. 露营

49. 长途旅行时在车上玩游戏

50. 在汽车后排唱歌

幸福记忆小贴士
用回忆给地点重新命名

把自传式记忆和空间记忆结合起来。

空间记忆保存了关于我们所处环境的信息，它使我们在熟悉的城市里不会迷路。它帮助我们记住某些物体的具体位置，也是我们作为一个种族生存下来的技能。这里有坚果，那里有干净的水源。到了今天，这些信息变成了"这里有咖啡，那里有插座，可以给手机充电"，但本质还是一样的。知道路在何方对我们的日常生活至关重要，你在这方面，肯定比你记住派对上人的名字更在行。

你也可以用你超棒的空间记忆帮助你留住幸福回忆。方法很简单：给那些地点命名。如果那个地点是你幸福回忆发生的场景，就用你的幸福回忆来给那些地点命名。

每年夏天，我都会去博恩霍尔姆岛，波罗的海一个布满岩石的小岛。我在那里有一座小木屋，木屋周围的地方是我许多美好回忆发生的地方。很多地方都跟吃有关。有野浆果森林、杜松果小道、接骨木花峡谷、树莓堡、叉鱼滩，还有裸泳湾。

这些地方有些是有官方名字的，比如树莓堡其实叫作利来堡（Lilleborg），那里是一处 12 世纪维京海盗的碉堡遗迹。但这个名字不会让我想起我们在那儿吃树莓的美好下午，也不会促使我第二年再去那个地方摘树莓。

第 八 章

回忆外包

有一个网站叫 The Burning House（家里着火了），上面是世界各地的人们拍的照片，照片上是人们在他们房子着火时打算最先救出来的东西。透过这些照片，我们能一窥人类的思想和心灵。我们拥有的东西里面，到底什么对我们来说是最珍贵的呢？

日记、祖母去世前写的信、剪报本、梦露的签名、姑姑的录音带、祖父古老的航海指南针、藏着我最好朋友的秘密的娃娃、能多益巧克力酱，还是一瓶杰克·丹尼威士忌？

答案五花八门，有时候也会出现物质和精神的冲突，是救出最贵的东西还是有最多情感价值的东西。不过所有的答案都有一个共同的特点，那就是，人们从着火的房子里救出的东西绝大多数都包括了他们的相册。

我也一样。在我看来，照片是回忆宝库的钥匙。没了钥匙，恐怕回忆会被永久尘封。

今年，我把一本相册带回了家。母亲去世之后，我和我弟弟把我们从小到大的照片整理了一下，这些照片我已经 20 多年没看过了。

这些照片见证着时间的流逝：20 世纪 80 年代、粗蓝布工作服、圆形拨号盘的电话，等等。

这些照片的质量没那么好，也不是什么摄影大师拍出来的。我们母亲拍照的时候有一个特殊的天赋：只拍半张脸。

但这些照片全都可以触发我们的回忆。看着这些照片，回忆渐渐浮现，一些情感闪现出来，然后就是一大片的回忆汹涌而来。

有一张照片是我们的狗，Pussy（好了好了，我知道这个名字很怪），我记得有一次它掉进冰窟窿，父亲把它救了上来。

有一张照片上是我的第一辆自行车，我想起我人生中的第一次交通事故 —— 迎头冲向一个垃圾桶。

我看到一张母亲的照片，她身后是她金色的大众甲壳虫汽车。我记得她总是把钥匙落在车里，我 10 岁的时候，已经可以用电线把车门锁打开了。

一张照片上是我和祖父坐在躺椅上看书，那是夏天在木屋里我最中意的看书地点，我记得当时我们盖着毯子，看的是阿斯特里德·林德格伦[1]的书和《丁丁历险记》，我记得我当时已经在默默盘算着自己的冒险了。

看着这些照片，我心里对那些按下快门的人充满了感激。

这些照片让我想起我生命中最幸福的时光。我觉得，这就是我特别喜欢摄影的原因，也是我喜欢做幸福研究的原因。我的工作就是衡

---

1 阿斯特里德·林德格伦，瑞典著名儿童文学女作家，代表作有《长袜子皮皮》《小飞人》等。

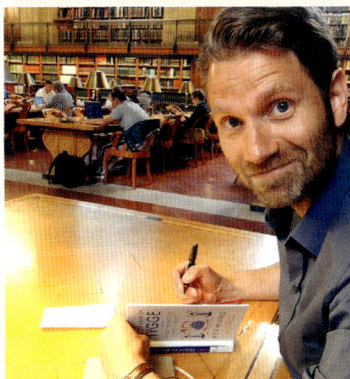

量那些无法衡量的东西。在我的空闲时间里，我努力做的是保存那些无法保存的东西。我的工作和我的爱好都是在试图抓住难以抓住的东西，也就是我们称之为幸福的东西。让时间停止，让我们去享受那些时刻，那时候世界的一切都那么美好。我的努力只是为了把幸福保存 250 分之一秒。

而且不止我一个人这样。在幸福回忆研究中，我们问人们为什么会记住这些回忆，7% 的人说他们有那一天的记录，比如一张照片。每年，人类都会拍摄超过 10000 亿张的照片。10000 亿就是 1000 个 10 亿，我查了才知道。无怪乎我们有时候会觉得自己被别人生活的照片淹没了。对这个数字最形象的展示来自荷兰艺术家艾瑞克·科赛尔斯（Erik Kessels）的一次展览，他打印了来自 Flickr 的 35 万张照片，然后把这些照片放在了展览馆。35 万张照片只是人们一天内分享的照片数量。

现在，我们把很多照片都存在了云里、硬盘里、应用程序里或者社交网站上，却很少把照片打印出来。翻旧相册这件事已经被在Instagram或者Facebook上划拉所替代了。

每到周四周五的时候，我社交网络的时间线上就是各种 #tbt 和 #fbf[1]。更进一步的还有每天都能见到的Timehop[2]，相当于每一天的

1　#tbt 是 Throwback Thursdays（重回周四）的缩写，#fbf 是 Flashback Fridays（闪回周五）的缩写。两者均为社交网络用语。
2　一款网络轨迹记录服务，被誉为互联网的时光机。

幸福回忆研究中有 7% 的人靠自己的备忘录记起自己的幸福回忆

人类每年拍摄超过一万亿张照片

#tbt。在 Timehop 上，用户几年前同一天发布的消息和照片被集合成一个可以分享给其他人的时间胶囊。Timehop 的口号是"每一天都为你的最佳回忆喝彩"，目标是重塑回忆，并帮助人们找到和别人分享过去的新渠道。

我们总把我们的回忆外包给各种网络平台，但这让情况变得更加复杂。使用 Instagram 的这一代人不仅仅是自己的公关经理，还是未来回忆的架构师。但是，如果我们的电脑或者手机丢了，那我们最珍贵的照片和信息可能就丢了，我们就"数字失忆"了。有研究显示，如果我们总想着这个东西我们随后在网上就能找到，那我们就不会把这个信息记在脑子里。

都柏林三一学院的神经心理学教授伊恩·罗伯森（Ian Robertson）针对 3000 个英国人做了一项调查，结果显示 30 岁以下的人当中有三分之一的人在没有手机的帮助下，记不起来自己的手机号码。这项调查发表于 2007 年，即使到今天，我们也不敢说我们没有那么依赖自己的数字设备。

幸福记忆小贴士

自己窥视自己的幸福

考虑开一个私人的社交媒体账号,作为你的回忆银行。

你的社交媒体账号是一条畅游过往的回忆之路。你的照片、视频和想法按照时间顺序排列,这基本上就是一本多媒体的回忆录。不过问题是,你可能有一些东西不适合发在 Instagram 上,所以这本回忆录里面是缺少一些东西的。人们经常发现 Instagram 就是各种精挑细选出来的一种完美生活的信息流,也正因如此,关于精挑细选还是如实记录的争论一直没有停过。就我个人而言,我会尽力平衡自己账号中记录日常生活和高光时刻的比例,也会提醒人们,Instagram 和 Facebook 上的照片只是我生活中的高光,而不是我的日常。我大部分的生活还是在弄洒咖啡、安装软件、寻找钥匙中度过的。而且,有很多事情对我来说意义很大,但跟我网络上的朋友们毫不相干。

针对这个问题,有一个解决办法,那就是创建一个私人账号,这样你就可以随时写下自己的想法 ——这个账号就成了你日常回忆的博物馆。你会如释重负,拍照、发照片只需要自己喜欢就行,不需要考虑滤镜、用光以及配什么文案。与其成为别人眼中的策展人,不如试着成为自己的回忆策展人。想想看,当未来的你想回头走走这条回忆之路,希望看到些什么东西呢?

这意味着你要每天拍摄自己日常生活的照片。这些日常生活中看起来似乎并不特殊的东西,也许在 20、30 或者 40 年之后会变得弥足珍贵而且趣味盎然。我 20 世纪八九十年代小时候的照片里有好多有趣的东西,圆形拨号盘的电话,巨大的电脑,还有大块头的电视机。

人生日志：全面回忆的时代以及数字失忆

想象一下，你可以从储藏室拿出你生命中任何一天的文档，重新体验一次那一天。想象一下你会做些什么，会和谁见面，和谁吃午饭。

你想要这种超能力吗？当然，再观看一遍自己的婚礼、派对，以及其他辉煌时刻，这些都很不错。顺便还可以看看你到底是怎么把那一坨东西弄到外交部的地毯上的。当然，也有很多事情，我们不愿意再想起。

如果你是戈登·贝尔的话，你就有机会穿越时空。1998年，微软公司的研究员戈登·贝尔开始尽可能多地收集自己生活中的数字信息。贝尔在微软还带领一个团队做了一个叫作 MyLifeBits（我的生活碎片）的实验，就像是现代版的量化自我运动数据记录器——比如Fitbit——的基础。你可以把它想象成更系统化、更数字化的安迪·沃霍尔。

照片和视频被存储到一个可以搜索的贝尔回忆库里，回忆库里还存了他的心率、当天的气温、收到的邮件以及访问过的网站等。MyLifeBits 项目总共包括1000多个视频，5000多个声音文件，1万多张照片，10万多封邮件，还包括他收发的每一条短信，以及他访问过的每一个网站。戈登·贝尔把这件事写成了一本书——《全面回忆》。书名很棒。

贝尔做得可能有些极端，但绝不止他一个人这么做。世界各地的人都在拍照，记录步数，记录自己的生活。

而且，记录生活也不是什么新鲜的事情。我们之前称之为写日记。现在有些软件和小玩意儿已经把记录生活抬到了一个新的高度，充满各种细节，特别生动。还有各种各样记录生活的相机，可以在一天之中不断记录每个时刻。

有些人把相机挂在脖子上，一天能拍 2000 张照片，还有一些人一分钟拍两张，然后用机器内置的 GPS 标上在哪里拍摄的。

我们把自己生活的海量细节都存储到了各种设备或社交媒体上，但是我们好像从来都没整理过这些信息。在我看来，问题不是我们没有收集信息，而是缺乏筛选和保存信息的能力。

我们的数字博物馆里一团糟。我们存了照片，但我们很少去看照片。我们被自己所创造的大数据压垮了。更糟糕的是，我们不仅得了照片疲劳症，而且还有数字失忆的风险。因为比起传统纸质的记录，数字化的信息更难保存，这可能跟大家想象的有所不同。

12 年前我在锡耶纳出席了一场婚礼。婚礼很棒，女士都戴着大大的帽子，男士都穿着亚麻的西服。我们在小镇外面的一个别墅里住了一个礼拜，在长长的餐桌上吃饭，在山间的小路上散步。

那一个礼拜我可能拍了 1000 多张照片。都没了，我不知道什么时候丢了，怎么丢的。这些照片都在一台相机上，我也传到了电脑上。但相机被偷了，电脑出问题了。迷惘的一代 [1] 之后的 100 年，我们成了失去回忆的一代。

这件事情之后，我有次看到了我之前上学时候拍的照片。那本相册已经 20 多年了，但它还在。褪色了，这是肯定的。有些脸没有拍全，这也没得说。但那些照片还在。现在，我开始把数码照片打印出来，保存下那些对我来说意义重大的时刻。

1　迷惘的一代，Lost Generation，通常指在第一次世界大战期间成年的一代人。

回忆是个艺术家

————

我们和我们所爱的人有着共同的故事。我们彼此分享回忆，彼此传递。把回忆外包，把它们借出去，再从别人那里借过来，这个过程中，这些回忆被打磨、被改变了。

1985 年，我们一家人去当时的南斯拉夫度假。我们从丹麦一路开车过去，开了足足两天。我们车上有一盒磁带。整个穿越欧洲的路上，萦绕在耳畔的是惠特尼·休斯顿的《我想找个人跳一支舞》（"I Wanna Dance With Somebody"）。

途中我们去一个种马场参观。我想，那里是培育纯种马的地方。但是，那里还有一头小毛驴，我和我弟弟还去骑了毛驴。那头毛驴又倔又懒，相比载着游客四处转，它更愿意站着不动吃草。我对那头毛驴印象深刻，至今还记得它身上刺扎扎的毛。

30 年后，我翻看之前的旧相册，我已经 20 多年没看过了。然后我才发现当时并没有什么毛驴。那头小毛驴其实是一匹小白马。我清清楚楚地记得我自己骑了毛驴，但很显然，眼前的证据证明我记错了。

在丹麦的文化中（以及其他许多国家的文化中），驴就是倔的代名词。我们会说人"倔得像头驴"。所以那头倔强的小白马，在我们家人之间的讲述中，慢慢影响了我们的回忆，变成了一头小毛驴。

回忆不仅仅是博物馆的馆长，它还是个艺术家。它不仅仅会把一个个的碎片当作艺术品展出，还会在上面画画，不断地描绘。有时候

像是印象派，有时候像是表现主义，有时候还像是磕了药的达利[1]的作品。

人们会把回忆想象成一个相机或者一个文件柜，但其实这是错误的。不是说你想找什么就可以通过搜索把它找出来，这并不是回忆的工作方式。回忆不是一个实物，而是一个过程。回忆是大脑根据你眼下的各种要求，在此时此地重现发生在过去的事情。在这个过程中，你会把各种碎片的细节拼到一起，而这里面有些细节可能是当时那件事情的，也可能是后面某件事里面的。你的大脑里面并没有一个 YouTube 网站原封不动地存储着你所有的经历，完好如初，并不是这样。事实上，你每次播放的时候，那些细节都会有一点点的改变。

1　萨尔瓦多·达利（Salvador Dalí），著名西班牙加泰罗尼亚画家，因为其超现实主义作品而闻名。

"你还记得在购物中心迷路那次吗?"

"什么? 不记得了。"你说。

"这里是你父母对那件事的描述。"研究员对你说,同时递给你一张纸。你把纸上的故事读了一遍。你当时才 3 岁,在熙熙攘攘的商场里走丢了,找不见爸爸妈妈了,一个老奶奶看到你在哭,帮你找到了他们。

"想起来了吗? 当时你什么感受?"

你想了想,说:"我当时有点害怕,我找不到爸妈了。"

"然后你做了什么?"

"一个老奶奶帮助了我,她通过商场里面的广播把我爸妈找了过来。"

"你还记得老奶奶长什么样吗?"

"不记得了,好像戴着眼镜,穿着一身绿色的衣服。"

伊丽莎白·鲁夫特(Elizabeth Loftus)又来了,她还做过一个关于错误回忆的研究。她和同事给 24 个参与者分别展示了他们 4 到 6 岁时发生的 4 个故事。参与者以为这个实验是看他们回忆细节的能力。错了,这项研究想了解的是给人植入虚假回忆的可能性。

展示给参与者的 4 个故事里有 3 个是真实的。研究者之前采访过他们的亲属。但其中有 1 个故事是假的:就是那个在购物中心迷路的故事。这个故事看起来很真实,因为研究员跟亲属确认过之后选择的那个购物中心是参与者经常去的,但是亲属们也确认过他们从来没有在那里迷过路。

实验的最后,研究人员告诉参与者 4 个故事里有 1 个故事是假的,然后让他们选择是哪一个。24 个人里面,有 5 个人没有选择在购物中心迷路的那个故事,也就是说,他们相信那件事真实发生过。

Instagram 的回忆

到我写这本书的时候，Instagram 上有 800 万个动态中加了"# 制造回忆"的标签，加了"# 回忆"标签的动态有 7000 万个。有 17000 多个动态加了"#memoriess"（属于拼写错误）的标签，所以即使忘了"回忆（memories）"怎么拼写的人都在发关于"回忆"的照片。

在幸福研究所，我们对 Instagram 上有"# 制造回忆"标签的动态做了一个分析。我们随机挑选了一些动态，排除了时区和季节的影响，也剔除了公司账号或者其他商业账号的图片。不过这个分析确实有一个语言偏见，因为我们只选了英语语言的帖子。如果我们选择丹麦语或者俄语的帖子，分析结果可能会有所不同。

言归正传，所以当人们说他们在制造回忆的时候他们真正在做什么呢？我们的分析结果显示，人们加上"# 制造回忆"标签的帖子大致上可以分成四类。

第一类是"# 妈妈—爸爸—家庭生活"一大类：可爱的小孩、小孩打雪仗、小孩把厨房里弄得乱七八糟、万圣节的南瓜灯、圣诞树，还有去迪士尼乐园玩。第二类是"# 活力四射的每日一帖"：几个姑娘晚上出去玩、几个小伙子晚上出去玩、友谊、最好的朋友、自己的球队进球了、鸡尾酒，还有其他一些当时挺应景的东西。第三类是"# 爱情"：婚礼、结婚周年、假日出游、周末狂欢、两个人对着镜头自拍，所以这类也可以叫作"看看我找了个什么人结婚"。但份额最大的要数第四类"漫游"：各种假日、各种发现、各种冒险。

365个幸福的日子

假期

美 每日一帖 今日酷照 生活

美酒 探索 春天

旅行记 家庭 微笑

制造回忆

幸福 滑雪 发现

今日照片 冬日

最佳好友 徒步

朋友

旅行上瘾

老妈生活 日落

未来

日落 最好的时光

宝贝 球队进球

爱

秋日 户外

冒险 假日

欢笑

夏日 好吃

沙滩 老爸生活

231

我们爬过的山，我们转悠过的城市，我们追逐过的夕阳：新西兰、纽约，还有新的地平线。当我们游玩的欲望彻底释放，当我们成为旅行者、探索者、冒险者的时候，我们就制造了自己的回忆。

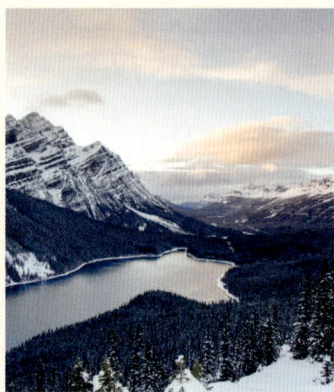

当我们开始追随戴维·利文斯通[1]、马可·波罗、瓦斯科·达·伽马的足迹的时候，我们就制造了回忆。当我们扬帆远航，绑紧登山靴鞋带的时候，我们就找到了宝藏 —— 被我们铭记一生的回忆。制造回忆就是要奉行"永远在路上"的奥义。你可以永远赚钱，但你赚的钱买不来幸福的回忆。

1　戴维·利文斯通，1813 年 3 月 19 日—1873 年 5 月 1 日，英国探险家，传教士，维多利亚瀑布和马拉维湖的发现者，非洲探险的最伟大人物之一。

幸福记忆小贴士

幸福气味列表，幸福原声带，幸福数据点

在回忆外包这件事情上充分发挥自己的创意。

外包回忆也不是说只能用照片。如果你有小孩，你也可以让孩子把你们一起经历过的幸福回忆画下来。如果你有音乐天赋，可能写首歌更适合你。或者你可以像我的编辑艾米莉一样，每个月在 Spotify（流媒体音乐服务平台）上创建一个播放列表。她做这件事已经好几年了，现在很喜欢找出过去某个月的播放列表来听。

我们所有的感官都可以触发我们的回忆，在气味方面，你也可以学习安迪·沃霍尔，创建一个幸福的气味列表。把气味和幸福回忆联系起来。我最近认识的一位女士为自己的婚礼买了一瓶味道特殊的香水，而且她说她只会在结婚的那天用这瓶香水。我最近开始做的一件事情是把我觉得开心时的声音录下来。我已经录过博恩霍尔姆岛上海浪拍打礁石的声音。哥本哈根以北之前曾经是皇家狩猎场，我在那里录下了微风拂过树叶的声音；在克罗地亚的斯普利特港，我录下了海风吹着船帆的声音。

或者你可以学习亚历桑德罗。他是我们幸福研究所的数据分析师，人很好。

亚历桑德罗热爱大数据，我们在幸福研究所的很多惊人发现都是他负责研究的。其实，说到寻找幸福，我想我们每个人寻找的其实都是一个相同的东西，就是亚历桑德罗对待数据的那种热爱。

亚历桑德罗收集自己的幸福数据已经超过 13 年了。每天，他都会给自己的幸福感打一个 1 到 10 的分数。今天心情怎么样？我做了些什么？幸福吗？如果可以重来，我愿意重新经历这一天吗？

这里是他 2017 年 2 月 25 日写的一篇日记，那天是星期六：

> 今天是诸多日子中最有生活意义的一天。我和玛曼第一次约会，我知道我会和她在一起很久，因为她的笑容，她看着我的样子，因为我们聊天的内容。现在我坐在家里，听着窗外的雨滴敲打着玻璃，就像这么多年一直陪伴着我的那种孤独，我一直想着这个世界上会有一个人把我从这种孤独中解救出来，让我感受到一种特别的东西，好像那个孤独在现在的阿莱克斯[1]看来已经要成为历史了。
>
> 我的回忆中一直出现那个画面，映着烛光，她的眼睛盯着我，这双眼睛让我着迷。我不知道我当时说话是不是很大声，是不是很慵懒，是不是有人在看着我们，因为我心里想的只有我们的谈话，压根不敢相信这样的一个女孩会爱上我，但心里却知道她的态度是真诚的。

---

1 阿莱克斯是亚历桑德罗的昵称。

好可惜，当时的自己不能像今天一样表达自己的情感，但那种感情多么真挚。互相理解、互相倾心的两个人走到了一起，这种经历一生少有。我不知道把那种感情叫作什么，也许叫作幻想吧。不是幸福，因为我还不是很确信她也喜欢我，不是很确信我是她心中那个特殊的人。但那是一种幸福的希望，一种不再孤独的希望，不再需要继续寻找的希望。

有一个细节让我感到惊讶，就是之前看着并没有什么感觉的各种风景的照片，今天看到却有一种特殊的感觉。我会想象我和玛曼一起去那里，拥抱，玩乐，相爱。现在打雷的声音在我听来都有了美感。和自己喜欢的女孩仅仅一次约会就能让这么多的东西有了新的生命和意义，这也太奇妙了。

那天的分数是 6 分。

顺便说一下，玛曼也喜欢亚历桑德罗。他们今年结婚。

把每一天的数据加上描述结合在一起，让亚历桑德罗可以了解自己在幸福的日子里都发生了什么事情。他发现最美好的日子都与我们所爱的人有关，与友情、爱情和亲情有关。是他们让我们感到自己是独一无二的。

我觉得亚历桑德罗数据中最酷的是，他让当时"体验中的自我"说话了。事情本身是怎样的是一回事，而我们当时的体验是怎样的又是另一回事。比如，可能亚历桑德罗在回忆去印度尼西亚玩的经历时，想起来的是沙滩，但如果他穿越回去，会发现自己被酷热的天气和蚊子搞得不胜其扰。如果你看得懂西班牙语，你可以关注亚历桑德罗的博客：11anhosymedio.blogspot.com，你或许可以从中获得一些灵感，试试另一种写日记的方法，不一定和他一样记录数据，比如我看到过一个人每天录一分钟的视频，然后把过去一年的所有视频剪辑成了一个很棒的视频回顾。

完美的元记忆体

想象一下，你要给一群记者展示你关于制造回忆的新书。

很多其他在场的演讲者也会展示他们自己的新书，所以你必须确保观众能记住你。然后你就想起"大菠萝原则"了。把一些特殊的东西带上舞台能吸引观众的注意力，让他们记住你。你环顾了一下酒店的房间，有一件小小的马头雕塑。完美。你把马头雕塑带上台，演讲一切顺利。你的话让观众产生了共鸣。他们神采奕奕，又是点头又是微笑。你讲的是如何通过制造难忘的时刻让我们的生命变得让人无法忘怀，然后你发现此刻正是那样的时刻。此刻会成为一个回忆，一个你在那本制造回忆的书里提到的回忆。

自我指代，很元记忆（meta memory，指人对自己记忆过程的认知和控制），对不对？然后你把雕塑带回酒店，发现这件小雕塑已经成了你这次元记忆体验的证明。你意识到这件雕塑就是元记忆体的一个完美的例子。我不是说你就得带走那件雕塑。虽然你身上流的是维京人的血液，但也不是说你每次来英国都得搜刮点儿东西。劫掠是 9 世纪的事情了。21 世纪的维京人讲究的是平等，还有财富分配。换作他们来，他们会把雕像带走，然后给服务生留 200 英镑的小费，再写个纸条表示这些钱得花在制造回忆上。当然，这些都是我编的。

幸福记忆小贴士
使用快照备忘录

创造缩写，用缩写帮助自己记忆。

小孩子学习字母表的时候，会通过唱歌和押韵的方式学习，我们也可用缩写作为助记符号帮助我们记忆。比如，美国的五大湖是 Huron（休伦湖）、Ontario（安大略湖）、Michigan（密歇根湖）、Eerie（伊利湖）和 Superior（苏必利尔湖），缩写成 HOMES 可以帮我们很快记住。

我们也可以用缩写帮助我们记住太阳系八大行星的名字以及距离太阳的距离。Mercury（水星）、Venus（金星）、Earth（地球）、Mars（火星）、Jupiter（木星）、Saturn（土星）、Uranus（天王星）和 Neptune（海王星），我们可以用一句话来记住它们，"My Very Educated Mother Just Served Us Nachos（我们受过良好教育的妈妈刚刚给我们做了芝士玉米片）"，如果你不想把 Pluto（冥王星）排除在外的话，这句话可以改成"My Very Educated Mother Just Served Us Nine Pizzas.（我们受过良好教育的妈妈刚刚给我们做了 9 块比萨）"。

我们想着如何制造回忆并且留住回忆的时候，也可以利用缩写的力量，使用快照备忘录。比方说，要记住这本书的 9 个主题：Multisensory（多重感官）、Emotional（情感）、Meaningful（意义）、Outsource（外包）、Stories（故事）、Novel（新奇）、Attention（注意力）、Peak（高峰）和 Struggles（奋斗），你可以把它们的首字母缩写放在一起，试试 Aspen moms（杨树妈妈）、Omen spasm（抽搐的预兆）或者 Mensa poms（石顶板上的小绒球）。你觉得哪个好就用哪个，你觉得哪个最出格就用哪个。

总结：你的过去有着光明的未来

和别人分享我们的过去，是走向爱情的必经之路。

1996 年，纽约州立大学石溪分校的心理学教授亚瑟·亚伦列出 36 个问题，表示只要回答过这 36 个问题，就可以让两个陌生人亲近起来。这是可以让人们陷入爱情的 36 个问题。其中有几个问题是关于回忆的：

- 你最珍贵的回忆是什么？

- 你最糟糕的回忆是什么？

- 请在 4 分钟之内讲述你自己的一生，越详细越好。

- 你一生中最大的成就是什么？

- 如果可以改变你成长期的任何事，你想改变什么？

- 分享一个你人生中的尴尬时刻。

- 你觉得你的童年比其他人的都快乐吗？

知道别人生命中最好和最坏的经历可以让你们亲近起来。分享各自最大的成就和最尴尬的经历可以让陌生人熟络起来。分享各自生活中的故事可以让我们通过别人的眼睛去观察这个世界。提出这些问题的人说："发展亲密关系的关键就是互相地、不断地、深度地自我剖析。"因为展示自己的弱点，可以拉近两个人的距离。

在幸福回忆研究中，阅读别人的回忆故事十分有趣。尽管这些回忆是一个陌生人的生活片段，但我感觉到自己更加了解他们了。我觉得和他们之间有了联系，因为他们的很多故事都让我产生了共鸣。我知道为什么冻湖边的那个晚上那么好玩，知道为什么在刮大风的沙滩上喝的那碗粥让他们一家人更加亲密，我也知道祖母葬礼之后和小侄女散步有多大的意义。

对我而言，这再次证明了我们人类何其相似。我们可能是丹麦人、英国人、美国人或者中国人，但是说到什么能给我们带来幸福，或者幸福回忆由什么组成的时候，我们都是一样的。我们都有一些事情想永远记得；有一些事情想永远忘记。

在为这本书调研和写作的过程中，我了解到最重要的一件事是我们的回忆如此精彩。它不仅让我们穿越时间，看向未来，还影响着我们现在的感受，使得我们与不同时空的自己和陌生人产生共鸣。但不得不说，回忆也有可能成为如影随形的负担，并不是所有回忆都是幸福的。

放弃的艺术：为什么太多的过去让你动弹不得

电影《暖暖内含光》讲述的是两位恋人为了忘记他们之前虽然浪漫却十分痛苦的恋情，做了一个手术。

我们都有一些想忘记的事情，但我们也都知道我们的回忆，无论好坏，决定了我们现在的样子。另外，我们当中还有一些人希望自己拥有完美的回忆，能记住所有我们听到、读到或者经历过的事情。但是，我们必须了解完美回忆的缺点。

1981 年 1 月 10 日你做了什么？如果你还没出生，那 1991 年或者 2001 年的 1 月 10 号呢？当时天气怎么样？星期几？新闻里发生了什么？如果你跟我一样的话，坦白讲，你什么都想不起来。好吧，假如是 1981 年 1 月 10 日的话，哥本哈根肯定很冷，天气阴沉，这个概率应该很大。当时我 3 岁，所以我的日程肯定很满，吃饭、哇哇大哭、流口水，等等。

但是如果你跟吉尔·普莱斯（Jill Price）一样的话，你可能就会记得 1981 年 1 月 10 日一些人发动了针对萨尔瓦多政府的游击战，这场战争持续了 11 年。吉尔当时在开车。那是她第三次开车。当时她还在 Teen Auto 学开车，那时她 15 岁，那天是星期六。

吉尔是世界上少有的几个被诊断为超高级情节记忆症[1]的人之一，也被称为超忆症（hyperthymesia）。吉尔可以记起她 14 岁以来每一天的生活细节。

她现在生活在美国加利福尼亚州，是世界上第一个被诊断为超忆症的人。这意味着她每一天的生活都会不断在她脑海里一遍一遍地播放。"你说一个日期，我就可以想起那天发生的事情。我可以回到那一天，看到那一天我做了什么。"她在书里这么写道。多年以来，学术界已经对她做了诸多研究。加州大学尔湾分校的神经生物学和行为学教授詹姆斯·麦高就是其中之一。麦高教授和她的同事们发现不止吉尔一个人这样。不过，世界上被诊断为超忆症的人不超过 100 个。

吉尔出了一本书叫《不会忘事的女人：拥有科学意义上最惊人的记忆力是怎样的超凡体验》。在书里，她把自己的回忆比喻成家里电影录像带上的画面，不断重复的画面，不时向前或者向后闪回，就像进入了乱序播放模式。

吉尔的故事让我们知道，记忆可以是个福祉，也可能是个诅咒。吉尔说，有时她很享受有这样一个回忆的库房，可以随时进去放松，但是这个库房也可能成为监狱。这一观点和其他被诊断为超忆症的人不约而同地一致。

---

1 HSAM，全称为 Highly Superior Autobiographical Memory。

在人们了解到超忆症之前，博尔赫斯（Jorge Luis Borges）已经在书里描述过这个现象了。博尔赫斯的书里总会涉及一些哲学概念，在 1942 年的小说《博闻强识的富内斯》中，他描述了拥有完美记忆可能会面临的问题。小说中的主人公叫富内斯，他能记住 4 月 30 号南面天空中云的形状，记得只看了一眼的书封面上的大理石花纹，他还能记住阿根廷某场战役中船桨划出的水花。简而言之，富内斯的记忆力非同一般。

但是，富内斯白天的时候不得不待在一间黑屋子里，因为只有黑屋子不会给他任何的感官信息。当富内斯回忆前一天的事情的时候，因为他的回忆有太多细节，所以他回忆一下要花费一整天，24 小时。而且，他的回忆还会叠加，他会记起自己对一段回忆的回忆。富内斯不仅会记住每一座森林里每一棵树上的每一片叶子，还会记住自己每次想起每一座森林里每一棵树上的每一片叶子的时候。

故事的最后，富内斯已经无法处理他回忆里那么多的细节了。这不是一个幸福的故事，但是它让我们看到一个完美记忆可能面临的问题。

用伍尔夫在她的回忆录中的话来说，我们的回忆最多只是过去的一个草图。尽管我们的回忆可能出错，尽管我们的回忆可能受到"峰尾定律"的影响，但是它仍旧很珍贵。也许我们的幸福不仅依赖于我们能记住什么，还依赖于我们忘记的能力。太多的过去会让我们举步维艰。我们希望自己能够留住幸福的回忆，也能够放下过去的一些事情，活在当下，为未来做打算。

未来的草图

想象一个梯子，从下往上，每一个横档有着从 0 到 10 的分数。最上面的横档代表对你来说最好的生活状况，最下面的代表对你来说最糟糕的生活状况。

你觉得现在你生活在梯子的哪个位置？5 年之后，你觉得你会在梯子的哪个位置呢？如果你和大多数人一样的话，很可能你第二个问题的答案要比第一个问题的答案所在的位置高。人们都很乐观。我们总想象着自己将来会更好。

2018 年，诺贝尔经济学奖获得者安格斯·迪顿（Angus Deaton）发表了一篇论文。论文研究了 2006—2016 年盖洛普世界民意调查中来自 166 个国家 170 万人对这两个问题的回答。

迪顿发现全世界的人都很乐观。无论身处世界哪个地区，人们都很乐观，只不过有些地方的人比其他地方的人更乐观一些。比如从丹麦的数据来看，住在大城市的人就要更乐观一些，哥本哈根和奥胡斯的人觉得他们 5 年之后的生活会比现在好很多，而住在农村地区的人们大多觉得他们 5 年后的生活跟现在差不了太多。

这其中部分原因来自迪顿在另一个研究中的发现，即年轻人对未来总是更乐观一些。因为哥本哈根和奥胡斯有很多大学，所以年轻人大多都在这些大都市里。让年轻人对比 5 年之后和现在的幸福程度，他们的步子总是会迈得更大一些。15 岁到 24 岁当前幸福分数平均为 5.5 的人，对 5 年之后幸福分数的预计是 7.2。这对比一下就是约 31% 的提升，的确梦想远大。

乐观很好，期望或者希望将来更幸福也很好。但我想更重要的问题是我们应该怎么做才能更幸福。就像我们之前说的，情节记忆是我们穿越时空的超能力。我们可以回到过去，当然也可以穿越到未来。功能性磁共振成像（FMRI）的研究显示，回忆过去和展望未来的时候激活的是我们大脑的同一个区域，前额叶和颞叶[1]。哈佛大学心理学家丹尼尔·夏克特研究的是这个领域，他在书中写道："我们的大脑从本质上来说就是一个预测器官，它的设计初衷就是利用过去和现在的信息，生成对未来的预测。而回忆可以看作是我们的大脑在预测未来时会用到的一种工具。"因此，我们可以利用过去的幸福回忆为将来的幸福生活做规划。

你打算在你幸福回忆的银行里存些什么呢？你打算如何规划那些你希望永远铭记的日子呢？这本书读到这里，我想你在可预测性的怀旧这方面已经有了一些想法。那就让我们开始规划吧。

1　颞叶位于外侧裂下方，耳朵往里那个区域。

幸福难忘的年度规划

记住，回忆中最美好的部分是制造它的时候。虽然很多幸福的回忆都发生在夏天，但是一年中的每个季节都可以制造幸福的回忆。

如何规划出充满幸福回忆的一年？这里是一些你可以参考的点子。

1 月

按照节日，规划增进感情的活动

如果事情之间没有清晰的联系，我们就很难记住它们。比如，想想 3 月 14 日，你在那一天做了什么？你可能跟我一样，什么都想不起来。不过我突然记起来 3 月 14 日是世界幸福报告欧洲发布会的日子，地点是在梵蒂冈，然后我就记起那一天的很多细节。我记得我在哪里吃了早饭、午饭和晚饭。我记得和一群幸福研究员在梵蒂冈的花园里散步，看到喷泉水池里有好多乌龟。我记得咖啡公司的安德鲁·意利跟我说，世界上最幸福的国家同时也是世界上最大的咖啡消费国。

所以，1 月份的时间就用来想想你能如何利用下面这些日子吧。

国际幸福日（3 月 20 日），国际诗歌日和国际森林日（3 月 21 日），国际水资源日（3 月 22 日），国际爵士日（4 月 30 日），国际鸟类迁徙日（我觉得那些不迁徙的鸟可能会很生气。5 月第二个星期六），国际父母日（6 月 1 日），世界自行车日（6 月 3 日），国际瑜伽日（6 月 21 日），国际友谊日（7 月 30 日），国际老人日（10 月 1 日），世界教师日（10 月 5 日），世界科学日（11 月 10 日），世界土壤日（12 月 5 日），国际山峰日（丹麦和荷兰取消了这个节日，12 月 11 日）。

比如，你可以在国际自行车日安排和朋友或者家人骑着自行车郊游。那是 6 月份，世界上大部分地区的天气应该都很棒。如果你在南半球的话，在世界土壤日种下一棵树可能会成为你美好的回忆。或者你可以在国际瑜伽日去学习瑜伽，还记得吗，第一次总是让人难忘。我至今还记得我的第一次瑜伽课。老师让我们把腿伸直，用手掌触摸自己的脚尖，她看了我一眼说："够不到的话，就看看你能摸到小腿以下哪里，能摸到哪儿算哪儿。"

2 月
直面自己的恐惧

在我们收集到的幸福回忆中，有一位来自比利时的女士说，她最幸福的回忆是走上舞台的那个晚上，尽管她特别害怕在一群人面前表演。对此我感同身受。八年级的时候（我大概 13 岁），我们班给全校的师生表演了一个圣诞节目。我是第 13 号小精灵 ——一个十分重要的角色。我有一句台词："工厂里有人！"我到今天还记得这句台词，部分是因为我们当时排练了很多次，部分是因为我跟其他很多人一样都害怕在公众面前表演，这种体验简直太可怕。

但是直面自己的恐惧并克服它，正是我们可以使用情绪高亮笔制造回忆的一种方法。所以，直面自己的恐惧吧，报名攀岩课、法语课，或者走上舞台大声歌唱吧。记得带个菠萝上去。

3 月

创造意义

幸福的生活就是有意义的生活。我们之前提到过，有意义的时刻对我们的回忆十分重要。那 3 月就用来提升你和其他人之间的关系吧。可能是很简单的一件事，比如为你所爱的人做一些重要的事情，给那些曾经帮助过你的人写一封感谢信，等等。这些信可能会成为那些收信人的幸福回忆，可能我们下次做幸福回忆研究的时候会收到来自他们的信息呢。

4 月

刻意幸福

做什么事情会给你带来幸福？我们已经知道记忆需要用心。只有我们在意，我们才能记住那些事情。所以，重要的是，考虑一下什么事情会影响我们的幸福，然后在意那些事情。

通常 4 月份会有 5 周。其中可能会有一两周很短，但 5 周不管怎么说，都很适合你把每周的时间分配给你五个感觉器官中的一个。

什么声音、形象、质感、气味和味道会给你带来幸福？刚刚打开的一袋咖啡的气味？温暖春日里柔软的雨滴打在你身上的感觉？你的孩子或者你的朋友大笑的声音？试着真正留意一下他们的笑声是什么样的。如果你要拍一部电影，你会怎么模仿他们的笑声？你可能会想拿支笔记下来。这样你就能看到那些让你快乐的事情是怎么变化的，这些让你快乐的事情列表，在你计划周末做些什么的时候也可以作为参考。

当然，你也可以做一个感谢日志来完成这个练习，在幸福研究中，我们经常看到感谢日志，它很管用。也有研究发现，这些事情最好只是偶尔做，而不是每天强制做，也就是不要让感谢日志成了日常。

5 月

为难忘的时刻做计划

记住要提前为难忘的经历做规划。你明年有什么梦想？未来的你回头看的时候，看到什么会微笑起来？现在也许就是做规划的时候了，让我们一步步来实现它。

2020 年我的梦想是召集一群作家，一起来个静修之旅。我的意思是在意大利租一个超级大的别墅，白天写作、徒步，晚上围着长桌吃饭、聊天。嗯，当然要有酒。

那就是我特别想完成的一件事情。"凡事若可能发生，则必会发生"，这被人称为墨菲定律。虽然这个定律用在风险管理上很不错，但是如果用在梦想管理上，这就太糟糕了。

所以，5 月份的时间就用来把"可能会"变成"一定会"。把你明年的梦想分解成具体的步骤，然后走出实现梦想的第一步。说回我的梦想，实现它的第一步是找到一座合适的别墅，我已经在彭皮奥（Poppiano）附近的山上找到一座，距离佛罗伦萨只有一小时的路程。那座别墅是石头砌成的，地面上铺的是瓷砖，天花板上是木制的房梁，还有一个超大的石头砌成的壁炉。花园里有各种香草，爬到山顶就是 360 度的美景，有湖，有山谷，有村庄，村庄里在周末还会有集市。我想，这地方用来制造回忆真是再合适不过了。

6 月

在回忆的小道里走一走

去我们曾经有过欢乐时光的地方可以帮助我们记住那里的事情，还记得吗？还记得我让我父亲组织一次环游奥胡斯回忆之旅吗？6 月的天气最适合步行，所以带上你的家人或者朋友来一次回忆之旅，或者让他们带你去对他们来说很有意义的地方。

后来，又一次，我和我父亲去奥胡斯的古镇（Old Town）游玩。一座露天的小镇博物馆，里面有 75 座建筑，你可以随意进出。大多数建筑都是 18 世纪中期到 19 世纪早期建成的，有裁缝店、铁匠铺、酿酒厂，等等。这座博物馆里面到处都是穿着各个时期服装的演员。

古镇有一小部分全是 20 世纪 80 年代和 90 年代的东西。走进一幢公寓，可以看到我回忆中那些东西的样子，一家卖 80 年代东西的百货店，一家卖电视的商店里面有唱片、磁带录音机，还有大块头的老式电脑。我立刻认出了之前我们家用的那款电视机，然后就突然想起，我小时候和父亲经常在电视上看德语配音的西方电影。

我长大的地方离德国很近，当时我们的电视只有一个丹麦语的频道，所以我们经常会看德国的德语频道。我父亲有一半的德国血统，他会给我翻译。走进那个卖电视机的商店，一下让我知道了为什么 10 岁之前我一直以为克林特·伊斯特伍德是德国人。

另外，古镇还在组织"回忆沟通"的旅行活动，主要目标人群是失忆的老人。博物馆把一幢公寓装修成了 50 年代中产阶级家庭的样子，那种环境可能会触发老人们的回忆。

7 月

是时候启动"阿波罗野餐行动"了

迈出自己的第一步,第一次吃某种东西,这所有的第一次都让我们难忘。

你吃过泡菜吗?辣味的腌制包菜,很好吃。在韩国特别受欢迎,韩国人在拍照的时候喊的不是"Cheese",而是"Kimchi(韩语:泡菜)"。或者,要不要尝一点儿哈瓦那小辣椒?或者喝一杯沙棘汁?

7 月是一年中最适合野餐的时间。天气很暖和,傍晚很长。所以邀请你的朋友或家人来野餐吧。用百乐餐的形式,让每个人带一个菜来一起分享,但要求是每个人都必须带自己从来没吃过的东西。

时间就定在 7 月 20 号前后,名字就叫"阿波罗野餐",因为 7 月 20 日是 1969 年人类第一次登月的日期。这样,你就有了一个回忆触发器。勇敢做自己没做过的事情,走出自己的舒适区,这样你其实也是在使用情感高亮笔。而且,下次你看到或尝到那些食物的时候,你也会想起这次有趣的野餐,一个美好的回忆会马上出现在你的脑海。

人类的一小口,难忘时刻的一大步。

8 月

是时候打乱自己的日常了

这个时候是丹麦学生开学、上班族度假回来上班的日子（你生活的地方这些时间可能有所不同，所以你可以相应地把每个月的活动调换一下）。这是尝试新事物、改变你日常习惯的绝佳时刻。或许你可以走另一条路上班，或许在你回家的路上有另一家外卖可以尝试。

如果你改变了自己原来的习惯，你可以放慢一些，或许会发现新的选项可能更好，然后你就可以把它们转换成你的新习惯。

9 月

找一座值得你攀登的高山

我们会记得自己受苦的日子。20 多年前，我和我女朋友，还有两个朋友在瑞典徒步走了 4 天。我们带了一千克的大米、一千克的洋葱，还有一些辣椒酱。我们并不是毫无经验，只是有点蠢。因为我们当时想的是"就地找些东西吃"。另外我们还带了一把吉他，一把萨克斯，还有一顶驼鹿帽子——你懂的，野外生存必备。长话短说，我们 4 天里都在想念蛋糕。而且，米盖尔的靴子中途还着火了。不过，这段经历确实让人很难忘。

新的一年，我打算再组织一次徒步，这一次是围绕博恩霍尔姆岛。这座岛海岸线总长 120 千米，海岸边点缀着无数的小村庄、洞穴、城堡遗迹、瀑布、熏肉坊、维京字母石刻、自然保护区、花岗岩，还有长长的白色海滩。

9 月是最佳的时节。虽然天气不怎么样，但由于博恩霍尔姆是座岩石构成的小岛，岩石和海水让小岛上很温暖。这个时节，岛上还有很多的无花果、浆果以及蘑菇。鲱鱼也正当季。所以我们可能还会加上一个挑战项目，"就地找些东西吃"。驼鹿帽子就可有可无了。所以，考虑一下你们自己 9 月份要挑战一下什么吧。你们打算攀登哪一座大山呢？

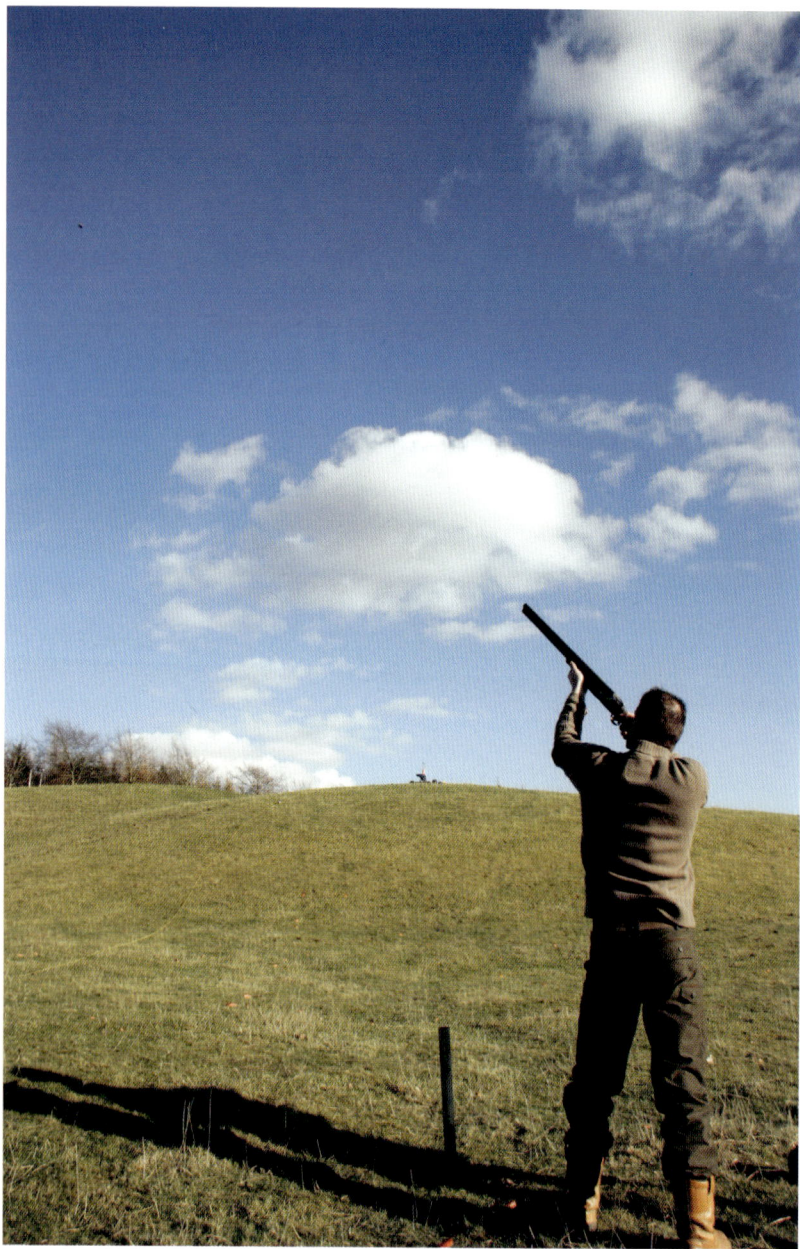

10 月

世界大战

带你的朋友，或者孩子（如果他们年龄允许的话），去飞盘射击场吧。对有些人来说，这可能算不上新奇了，不过枪本身的危险性还是会让你的情绪高亮笔派上用场（当然，安全第一）。而且，打枪都很吵，火药的味道也很大，看着飞盘在空中炸开也很刺激。

如果再加上一个讲故事的环节就更加分了。如果你们队伍里有孩子，或者容易受骗的成年人，你就可以试着编一个故事。比如，地球受到了火星人的攻击，我们必须在火星人着陆之前把他们的飞碟全部消灭。热身的时候，你们可以听一听 1938 年由奥森·威利斯朗读的韦尔斯[1]的经典广播剧《世界大战》。

每 10 年，"广播电台把全国人民吓坏了"的新闻都会被再次提起，每次周年纪念的时候大家也会讨论这件事。然后，下个周末你们可以一起观看汤姆·克鲁斯主演的电影《世界大战》，这样这部电影就成了你们这次回忆的触发器，帮助你们跑在遗忘曲线的前面。

1　赫伯特·乔治·韦尔斯，英国著名小说家、新闻记者、政治家、社会学家和历史学家。

11 月

把你想尝试的新东西做一个列表

记住这一点：研究显示，我们更容易记住新颖的东西。在回忆这件事上，新颖的事情我们能记得更长久，所以 11 月的时候我们要充分利用第一次的魔力。新奇 11 月！

把你从未尝试过但想尝试的事情做个列表。可能是想去你从来没去过的地方，可能是养成一个新的爱好或者是学习一门新技术。如果你还可以学习新技术，它会给你一种成就感，提升你的自信，这会对你的幸福感产生积极的影响。如果你需要一些建议的话，你可以从 Action for Happiness 网站上的"新事物 11 月"获得一些灵感 [1]。

1　中文版地址：https://www.actionforhappiness.org/media/819383/november_2019_chinese.jpg。

12 月

精选出你自己的幸福 Top100

圣诞节和新年前夕的日子是你筛选过去一年自己和家人照片的时间。分享一下你觉得最幸福的时刻，选出你觉得应该打印出来的100 张。

就像是写下你自己对一本书的评价，或者对一家公司业务的评价一样，把好的观点都保存在苹果电脑或者 Moleskine 笔记本上。对待照片也一样，最特殊的照片应该有特别的待遇。积极行动，保存好你的照片，让你和你的家人避免患上数字健忘症。把你的照片从数字化的宇宙中取出来，打印出来。

要知道，你积极保存你的数码照片，把它们完好地保存几十年，让你的下一代人看到，也是一个很美好的回忆。

回到亚特兰蒂斯

西班牙超现实主义电影制作人路易斯·布努埃尔[1]（Luis Buñuel）曾经说过，我们的回忆就是我们的统一体，是它让我们一直觉得自己是同一个人。所以，在写这本书的过程中，我回到了我的家乡，去寻找那些幸福的回忆，去了解自己的过去，了解过去和我同名的那个自己。

哈泽斯莱乌（Haderslev）是丹麦南部一个峡湾底部的小镇，距离德国和丹麦的边境线只有 50 千米。小镇上有些房子可以追溯到 16 世纪，小镇广场上有两座古老的小木屋靠在一起，像是一对恩爱的老夫妻。

我回到哈泽斯莱乌的时候是春天。那是选举的季节，大街上都是社会民主党的人在分发一些宣传页，还有免费的香肠，街边的音响里循环播放的是斯汀的 *Born to Run*。

我在小镇上重走了我之前走过的路，去了小时候每次都会借一大堆书的图书馆，经过高中时候晚上打过工的电影院。我还去了米盖尔和我唱法兰克·辛纳屈的歌的那座小镇广场，当时米盖尔手里还拿着一个煮老了的蛋，不知道为什么。为了寻找回忆，我还去了肉店、奶酪铺和书店。在书店时，那种熟悉的味道让我想起了什么，我以为那是属于我的"玛德莱娜时刻"，但是我想了半天也没有什么回忆浮现。

我还去了我长大的那座房子。房子在小镇边的山上，可以俯瞰整个

1　路易斯·布努埃尔，1900 年生，西班牙国宝级电影导演、电影剧作家、制片人，代表作有《安达鲁之犬》《青楼怨妇》，执导电影擅长运用超现实主义表现，与超现实主义画家达利是搭档和好友。

峡湾。黄砖房，平顶。房顶是黑色的，我之前总是爬上去，母亲总是为此生气。

房子有一个院子，里面种着一棵日本的樱桃树，曾几何时，房子后面的山坡上还有野鸡四处游走。房子的新主人热情友好。斯蒂恩是个法学教授，琳恩是当地男孩唱诗班的教师。那个温暖的下午，我们喝着咖啡，聊着这座房子以及它背后属于我们的回忆。

野鸡早就没有了。但日本的樱桃树还在，不过也不是我之前回忆中的位置了。我之前的房间现在成了一间书房。

坦白讲，我心里有点受伤，因为我儿时的房子竟然还没有被改造成名人故居。在哥本哈根，你走过的几乎每一座建筑前面都会有一个小牌子，上面写着汉斯·克里斯蒂安·安徒生[1]曾经在这里住过，或者是曾经在这里喝过咖啡，或者是他认识的一个人曾经在这里待过。但是，我还是压抑住了自己的冲动，没有把一个写着"迈克·维金故居"的牌子送给这座房子现在的主人。

回到小镇上，我去一家古物店逛了逛，买了一台20世纪40年代的柯达相机。回到大街上，我转头向左看，看到小巷子里的一家小

1　汉斯·克里斯蒂安·安徒生，19世纪丹麦童话作家，被誉为"世界儿童文学的太阳"。代表作有《海的女儿》《拇指姑娘》《卖火柴的小女孩》《丑小鸭》《皇帝的新装》等。

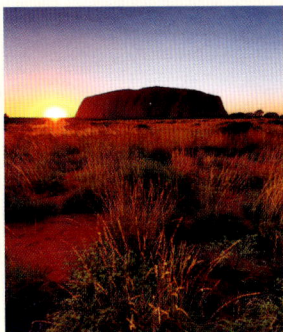

店，然后我就突然想起什么来。

16 岁的时候吧，我在澳大利亚拍了一张乌鲁鲁巨石[1]的照片。不知道出于什么原因，我觉得那张照片拍得特别好，所以就问哈泽斯莱乌一个卖海报的小店愿不愿意卖我的这张照片。那个小店就在我眼前的这条小巷子里。然后我又想起另一件事，是我听到我母亲和她朋友聊天时说的。

"你真觉得他能把那张照片卖出去吗？"母亲的朋友说。

"是的，我觉得他能。"母亲说。

我没能把那张照片卖出去。但是过了 20 多年之后，我还能想起母亲对我的信任。这还是有些价值的。

今年，我人生中第一次去了中国，人生中第一次去了俄罗斯。而回到

---

1 乌鲁鲁巨石，又名艾尔斯岩或艾尔斯巨石，位于澳大利亚，是世界最大的单体岩石。

哈泽斯莱乌是我人生中第一次回到那么久远的过去。我们每个人都是旅人，在时间中穿行，探索着过去，期望着一个更幸福的未来。

这一次想探寻过去其实是因为我 40 岁了，已经过了我人生的一半（从数据上来说）。这次往回走的旅程也让我开始思考我向前走的方向。前一半的时间已经过去了，后一半的时间你计划做些什么呢？

塞涅卡[1]曾经说过："活着，就要不断学习该如何生活。"我觉得，在人生这所学校里，有一门课是关于时间的。我们应该如何使用我们的时间？过去的经历中哪些给我们带来了最大的幸福？我想，往回看，重新探访我们幸福的时空，可以让我们更好地规划将来的旅程，规划更加幸福的回忆、更加幸福的日子和更加幸福的未来。

记住，有一天，你的生活会在你的眼前闪现，你要做的是保证它值得观看。我希望它里面有一碗在海风呼啸的沙滩上半生不熟的凉粥。

1　塞涅卡（Seneca），古罗马政治家、斯多葛派哲学家、悲剧作家、雄辩家。

致　谢

─────────

感谢那些帮助我制造了以下回忆的人们。

感谢地下通道和树顶的堡垒，雪球大战和周五的溜冰之夜。感谢索贝克街边芳草的清香，以及圣诞节打开的第二瓶红酒。感谢船上的爱尔兰咖啡以及滑着滑板穿过的一条条大街。感谢斯凯恩县的极限生存之旅，感谢星空下篝火上的烤鸡。

感谢在法伊岛上开吉普兜风，以及网球场上的厮杀。感谢坚实的臀部、闪光的思想和对世界所有美好的追寻。感谢茴香酒和法式滚球，感谢在水上公园申请幸福研究项目。感谢徒步登上富士山，在山坡上滑雪。

感谢凯尔斯楚普之旅，蓝色的莫西干头，以及鸟的咕咕叫声。感谢让我参加万圣节的派对，虽然我穿成了蓝精灵的样子。

感谢太多的摇滚乐，克伦堡之战，以及给潘基文的水杯倒了五分之四满的水。感谢午夜的橙子大炮，感谢在澳大利亚偏远地区播放的"In The Air Tonight"[1]。

感谢几小时后就开的饭馆，感谢美丽得让人忍不住分享的一片世外桃源。感谢赛马和工作之后的游泳，以及一个完美版本的"You've Lost That Loving Feeling"[2]。感谢冰球比赛、电影之夜，还有在巴黎过的生日。

───────────────

1　英国鼓手、作曲家菲尔·柯林斯的首发单曲。
2　正义兄弟组合的著名歌曲。

感谢无数的咖啡，无数的对话，以及 2014 年的香肠灾难。感谢跟着"My Sharona"[1]的节奏跳舞，以及充满各种贝多芬元素的棋盘游戏。

感谢《牛津英语词典》收录"hygge"，并把它带到世界各个角落。感谢周日早上醇厚的咖啡和温柔的吻。

1　The Knack 乐队的首发单曲。

图片来源

P.9 乔尔·夏普（Joel Sharpe）/Getty Images
图片库

P.10 罗曼·马赫穆托夫（Roman
Makhmutov）/Getty Images 图片库

P.11 Di 工作室（Di Studio）/Shutterstock 图
片库

P.15 克莱尔·特雷根纳（Claire Tregunna）

P.16 马斯科特（Maskot）/Getty Images 图
片库

P.22 叶夫根尼·阿塔马年科（Evgeny
Atamanenko）/Shutterstock 图片库

P.27 基思·莫里斯（Keith Morris）/Alamy
Stock Photo 图片库

P.38 迈克·维金

P.39 迈克·维金

P.41 迈克·维金

P.45 迈克·维金

P.48 马塞尔·泰·贝克（Marcel ter Bekke）/
Getty Images 图片库

P.53 丹尼尔·瑞普林格（Daniel Ripplinger）/
丹斯摄影（DansPhotoArt）/Getty Images
图片库

P.58 arjma 拍摄 /Shutterstock 图片库

P.60 奇迹视觉公司（wundervisuals）/Getty
Images 图片库

P.62 皮亚托摄影公司（Piyato）/Shutterstock
图片库

P.64 杜卡斯的棱镜（Prisma by Dukas）/
Getty Images 图片库

P.64 迈克·维金

P.65 维姬·朱伦，巴比伦和超越摄影公
司（Vicki Jauron, Babylon and Beyond
Photography）/Getty Images 图片库

P.65 迈克·维金

P.79 迈克·维金

P.81 尼克布朗德尔摄影（Nick Brundle
Photography）/Getty Images 图片库

P.86 斯图尔特·狄（Stuart Dee）/Getty
Images 图片库

P.88 迈克·维金

P.96 瑟拉瓦特·凯法拉特（Theerawat
Kaiphanlert）/Getty Images 图片库

P.108 艾米·迪洛伦佐（Amy DiLorenzo/
Getty Images 图片库

P.111 艾琳娜·豪里里克（Alena Haurylik）/
Shutterstock 图片库

P.112 svetikd 拍摄 /Getty Images 图片库

P.118 尤金·纳迪亚（NadyaEugene）/
Shutterstock 图片库

P.122 斯利安·罗伊·乔杜里（Srijan Roy
Choudhury）/Getty Images 图片库

P.124 詹姆斯·奥尼尔 /Getty Images 图片库

P.127 鲁本·厄斯（Ruben Earth）/Getty
Images 图片库

P.129 lucapierro 拍摄 /Getty Images 图片库

P.132 因特豪斯制作公司（Hinterhaus
Productions）/Getty Images 图片库

P.140 安东尼·奎丝（Anthony Qushair）/ 艾
美图库（EyeEm）/Getty Images 图片库

P.147 哈维·加西亚（Javier Garcia/
Shutterstock 图片库

P.149 艾格尼丝·利扎克（Agnieszka Lizak）/
Shutterstock 图片库

P.151 安娜·格里申科（Anna Grishenko）/
Shutterstock 图片库

P.152 迈克·维金

P.154 迈克·维金

P.155 迈克·维金

P.167 guvendemir 拍摄 /Getty Images 图片库

P.169 图像代理公司（imageBROKER）/

出版后记

在这个信息饱和的世界里，有一样东西总是能穿透噪音：我们对快乐时刻的记忆。一种味道、一个声音、一个场景、一次触摸会突然将我们带到过去的某时某刻，让我们忆起自己曾经被爱，曾经那么幸福。

《唐顿庄园》里有一句话：人生就是不断收集回忆的过程，因为最终陪伴我们的也只有回忆了。研究显示：怀旧可以产生积极的感情，提升人的自尊，给人以安全感，同时减少孤独或者无意义感这些负面情绪的产生。随着老年痴呆症，尤其是阿尔茨海默病的日益突出，我们很多人比以往任何时候都更注重记忆。越来越多的人开始研究：应该如何让记忆留存得久一点。

本书是英国企鹅出版集团"企鹅生活"（Penguin Life）的重点新书，也是丹麦幸福研究院 CEO 迈克·维金"幸福研究院[1]系列"的第三部作品。不同于前两本 *HYGGE*、*LYKKE* 基于北欧人生活方式的内容定位（中文译本《丹麦人为什么幸福》《刻意放手：向最幸福的人学习幸福》由中信出版社出版），本书将视野放置全球，探讨了一个人类共同关心的议题：记忆是否可控？如何通过主动制造回忆，提升内心的幸福感？他基于 70 多个国家 1000 个人的故事，用独特的幸福实验和心理学研究揭开了记忆力背后的秘密。不仅分析了回忆对人类心理健康和亲密关系的影响，而且还以积极主义精神引导读者重新去欣赏生活中真正重要的时刻。

---

1 丹麦幸福研究院是一个民间智库，致力于探究全世界人民幸福的成因，了解生活的真相，以及告诉大家如何让生活更加美好。

较之前两部作品，本书更重科学研究，除了有大量全球调查、访谈、行为实验的数据资料，迈克·维金还将心理学、社会学、广告学等最新研究带入讨论，以揭示情绪和感官之间的联系和记忆在我们生活中的重要性。这是他在文学创作路上的一大突破——"成功地将社会科学和生活方式融合在温暖、幽默的文字中，让人过目难忘"。此外，他还在书中第一次透露了部分私人生活照，并且毫不避讳地分享了许多亲身经历的"尴尬回忆"，读者可以由此一睹被《泰晤士报》誉为"全球最幸福的人"的真实生活。

　　我们很多人都习惯了自己的日常，起床，吃早饭，坐车去上班，然后工作，坐车回家，看电视，上床睡觉，如此周而复始。这样的日子很容易让人忘记。人们记住的，总是那些特别的事和深爱的人，尤其是当他们感到与这个世界、和自己生命发生联结的时刻。而本书要带给你的，就是将那些与你擦身而过的平凡小事，转变成有特殊意义的人生印记。

　　这是一本肯定人生的读物，告诉你要让你的人生变得难忘，比你想象中更容易。希望你能在这本书中，习得回忆的艺术——记住那些让生活变得难忘的时光，同时也能领悟遗忘的艺术——忘记某些事情，以便为更深刻、更有意义的记忆腾出空间。记住，有一天，你的生活会在你的眼前闪现，你要做的是保证它值得观看。

后浪出版公司

2021 年 12 月

关于作者

迈克·维金被《泰晤士报》称为世界上最幸福的人。2011年，他在丹麦的哥本哈根成立了世界上第一个幸福研究所。他也是全球幸福政策报告顾问团的成员。

他为世界各地的城市、政府和组织提供有关幸福的咨询。已经合作过的包括阿联酋幸福部和墨西哥哈利斯科州、韩国高阳市等。他有商科和政治科学双学位，曾在丹麦外交部供职。

除了学习政治科学，写关于幸福以及生活质量的书（包括国际畅销书《丹麦人为什么幸福》和《刻意放手：向幸福的人学习幸福》）和报告之外，他还喜欢摄影，以及和朋友打网球（技术很烂）。